Zu diesem Buch

Die Entschlüsselung des genetischen Codes hat seit den fünfziger Jahren die Tür zu einer revolutionären Entwicklung in Medizin und Biologie aufgestoßen – mit allen Chancen und Risiken.

Genetik für Anfänger beschreibt die Schritte zu einem neuen Verständnis der Ursprünge, der Natur und der Evolution der Lebewesen – von Watson und Cricks Doppelhelix bis zur unerwarteten Entdeckung «gespaltener Gene». Und es wirft einen atemberaubenden Blick auf die Beiprodukte, ob Krebsbekämpfung oder Menschenzüchtung, die beim Forschen nach dem Geheimnis des Lebens abfallen.

GENETIK für Anfänger

Von Israel Rosenfield, Edward Ziff
und Borin Van Loon

Übersetzung aus dem Englischen
von Ulf Dammann

rororo
Rowohlt

Die englische Originalausgabe erschien 1983
unter dem Titel «DNA for Beginners»
bei Writers and Readers Publishing Cooperative, London
Deutsche Erstausgabe
Redaktion Ludwig Moos
Umschlagentwurf Heinz Waldvogel
Lettering und Textmontage Jan Enns

Veröffentlicht im Rowohlt Taschenbuch Verlag GmbH,
Reinbek bei Hamburg, Juli 1984

Satz Helvetica
Gesamtherstellung Clausen & Bosse, Leck
Printed in Germany
780-ISBN 3 499 17548 7

DNS ... drei Großbuchstaben, von denen viele vielleicht schon gehört haben, mit denen sie aber nichts Rechtes haben anfangen können. Nun, DNS steht für Desoxyribonukleinsäure*, und von der Entdeckung und Bedeutung dieses Zungenbrechers soll die Rede sein. Wir beginnen in der Mitte des 19. Jahrhunderts, werfen dann einen Blick auf die Mechanismen, von denen wir annehmen, daß sie für die Funktion der DNS wichtig sind, müssen dabei allerdings erkennen, daß vieles noch im dunkeln liegt. Und wir untersuchen den Einfluß, den die DNS-Forschung auf unsere Gesellschaft hat, bis in die jüngste Vergangenheit.

Die DNS kommt meistens in der Form eines spiralförmigen Moleküls vor. Einige sind sehr klein und andere sehr lang – na ja, relativ lang, denn alle sind so winzig, daß in jeder Zelle eines Organismus enorme Mengen DNS enthalten sind. Die DNS ist der Informationsträger einer ungeheuer großen Vielfalt von Genen. Und Gene sind die Informationsstückchen, die wir alle in uns tragen und die uns in die Lage versetzen, zu funktionieren und uns fortzupflanzen.

Um einen Eindruck von der großen Bedeutung der DNS in der Vergangenheit und für die Zukunft unseres Planeten zu bekommen, lies weiter ...

* Das heißt auf englisch Desoxyribonucleic Acid und wird **DNA** abgekürzt. Diese Abkürzung wird manchmal auch in der deutschen Literatur benutzt. Also: DNS = DNA.

Im Dezember 1949, fast vier Jahre, bevor James Watson und Francis Crick ihr DNS-Modell veröffentlichten und die Revolution in der modernen Biologie einleiteten, hielt der Mathematiker und geistige Vater des Computers (und Mitschöpfer der Atombombe, aber das tut hier nichts zur Sache), John von Neumann, einen Vortrag, in dem er erklärte, wie ein Computer sich selbst reproduzieren könnte. Er bräuchte nur eine genaue Beschreibung seiner selbst.

Eine Maschine mit einer Magnetspule könnte diese Spule nicht einfach nachbauen, indem sie eine Gußform von ihr macht.

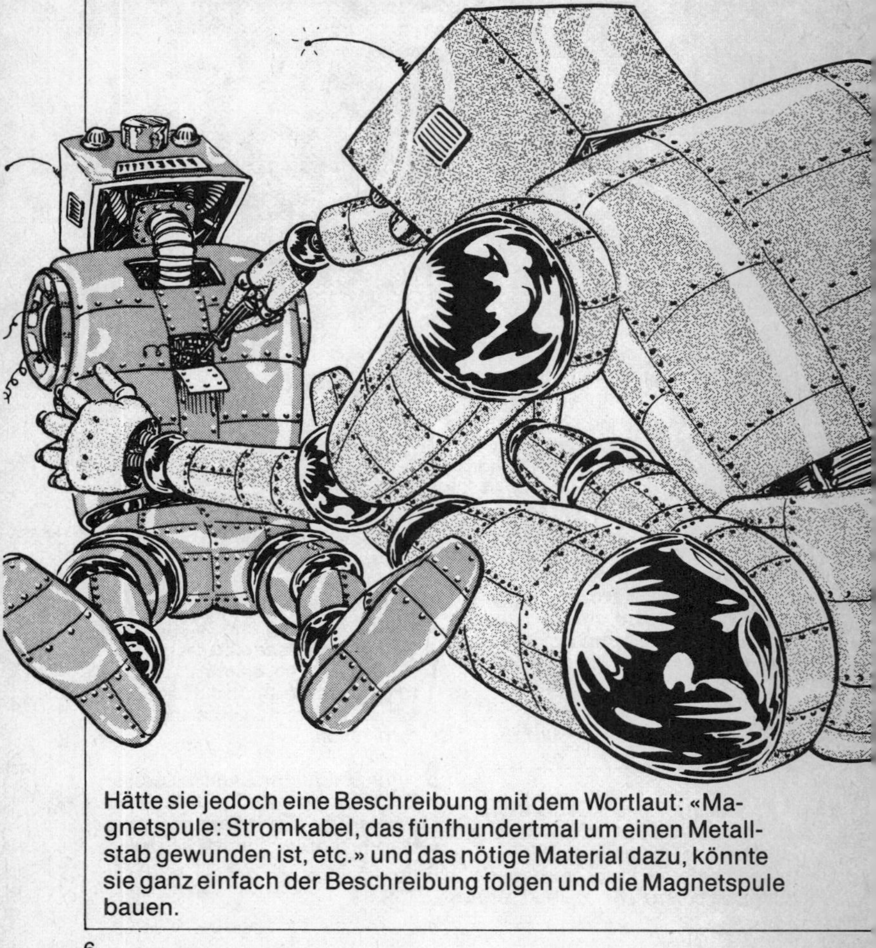

Hätte sie jedoch eine Beschreibung mit dem Wortlaut: «Magnetspule: Stromkabel, das fünfhundertmal um einen Metallstab gewunden ist, etc.» und das nötige Material dazu, könnte sie ganz einfach der Beschreibung folgen und die Magnetspule bauen.

Die Nachkommen der Maschine könnten sich ebenfalls reproduzieren, wenn die Maschine eine **Kopie** der **Beschreibung von sich** anfertigte und sie in jede neue Maschine steckte. Immer vorausgesetzt, das nötige Material ist vorhanden, könnten die Maschinen jetzt unentwegt neue Kopien von sich selbst produzieren. Wie die Kaninchen. Oder schlimmer noch: wie die Menschen.

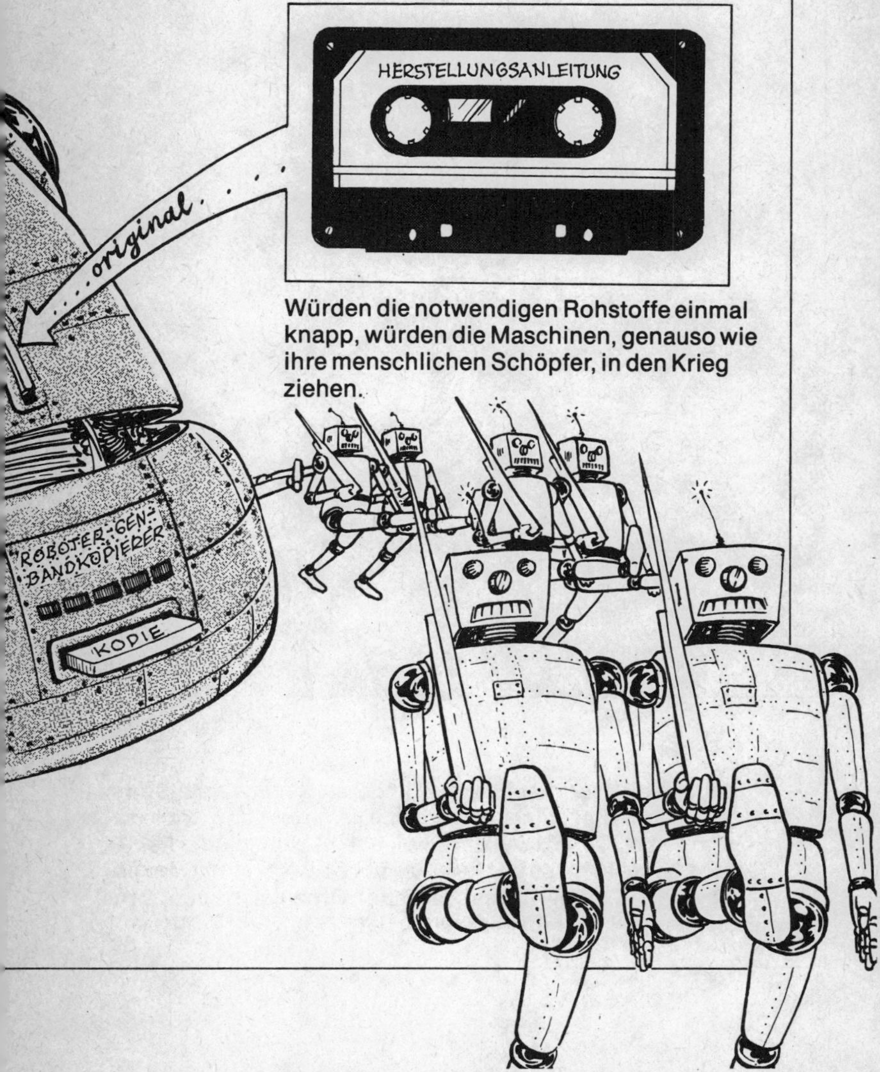

Würden die notwendigen Rohstoffe einmal knapp, würden die Maschinen, genauso wie ihre menschlichen Schöpfer, in den Krieg ziehen.

Die **Beschreibung** für von Neumanns Maschine entspricht der DNS, die in Lebewesen zu finden ist. Wie die Maschinenbeschreibung enthält die DNS die codierte Beschreibung des Organismus und ist die Voraussetzung für seine Fähigkeit, sich zu reproduzieren.

Lebende Wesen machen allerdings, im Gegensatz zu von Neumanns Maschine, gewöhnlich keine **exakten** Kopien von sich selbst. Denn dann gäbe es keine Evolution und die Welt sähe heute nicht so aus, wie sie ist. Lebewesen machen **abweichende** Kopien ihres elterlichen Organismus oder Organismen. Sie können das wegen der DNS.

EINE KURZE GESCHICHTE DER GENETIK

So in den 60er Jahren des vorigen Jahrhunderts waren die meisten Biologen endlich bei der Erkenntnis angelangt, daß alle Pflanzen und Tiere aus Zellen bestehen. Man wußte, daß Zellen sich vermehrten, indem sie sich teilten.

Doch konnte noch niemand erklären, wie die kleinen Dinger das anstellten.

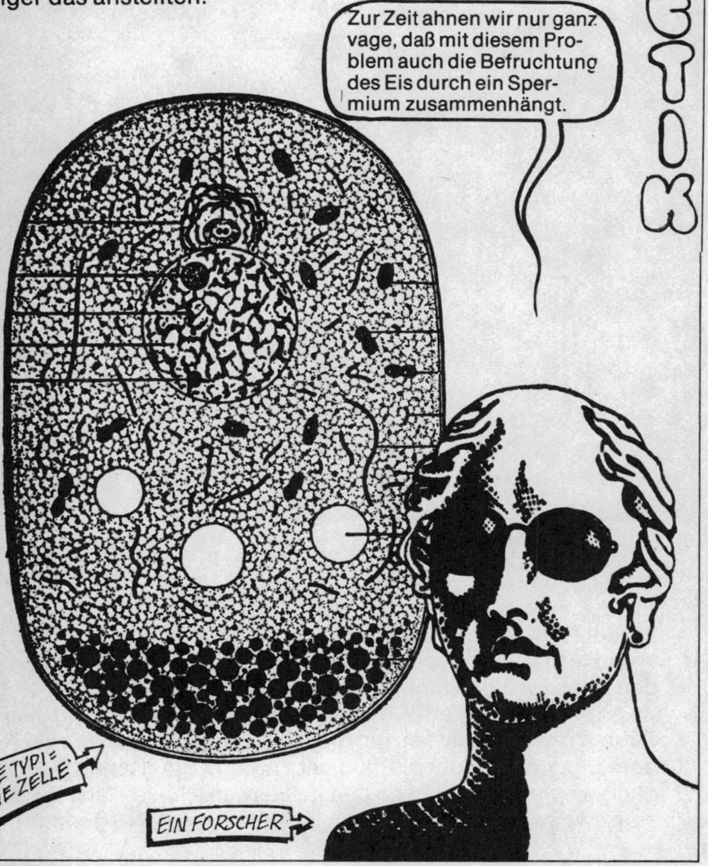

Die DNS wurde im Jahre 1869 von Friedrich Miescher entdeckt, der damals erst 25 Jahre alt war.

Miescher war der Sohn eines bekannten Baseler Arztes. 1868 war er nach Tübingen gegangen, um dort bei dem Biochemiker F. Hoppe-Seyler die chemische Beschaffenheit der weißen Blutkörperchen zu untersuchen. Dazu benutzte er Eiter, den er von Wundverbänden frisch operierter Patienten abkratzte. Indem er den Eiter mit einer schwachen Salzsäurelösung vermischte, gewann er reine Zellkerne, und als er dann Alkali und schließlich Säure zu den Zellkernen hinzufügte, bildete sich ein grauer Niederschlag, der keiner bis dato bekannten organischen Substanz glich. Er nannte sie – nach den Zellkernen (Nuclei), aus denen er sie gewonnen hatte – **Nuclein**. Heute wird sie DNS genannt.

Kurz nach Mieschers Entdeckung wurden neuen Einfärbetechniken entwickelt, mit denen streifenartige Strukturen im Zellkern entdeckt wurden, die sich besonders dunkel färbten. Im Jahre 1879 führte Walter Flemming den Begriff Chromatin (chroma ist griechisch für Farbe) ein, um den so intensiv färbbaren Stoff im Zellkern zu bezeichnen. 1881 fand E. Zacharia heraus, daß Chromatin mit Säure und Alkali auf dieselbe Weise reagierte wie Mieschers Nuclein. Daraus schloß er, Nuclein und Chromatin seien ein und dasselbe.

Das in den 80er Jahren des vorigen Jahrhundert beobachtete Chromatin nennen wir heute Chromosomen, die Träger der Gene, die die Grundlage der Vererbung bilden. Es ist übrigens sehr bemerkenswert, daß einige Wissenschaftler, die im Jahrzehnt davor die Befruchtung erforschten, bereits damals eine Verbindung zwischen dem Chromatin (Chromosomen) und der Vererbung herstellten. Unter dem Lichtmikroskop beobachteten – unabhängig voneinander – Hermann Fol in der Schweiz und Oskar Hertwig in Berlin, daß das Spermium in das Ei **eindringt** und daß die **Zellkerne** des Spermiums und des Eies miteinander **verschmelzen**. Und Edouard van Beneden stellte bei der Untersuchung des Ascaris (ein parasitärer Spulwurm des Pferdes) fest, daß das Spermium genauso viele Chromosomen zu der Entwicklung des Embryos beisteuert wie das Ei. Van Beneden entdeckte auch die **Meiose,** die Halbierung der Anzahl der Chromosomen in der Keimzelle (Ei und Spermium). Flemming war es, der Zellen bei der Teilung beobachtete und der sah, wie die Chromosomen sich verdoppelten. Er schloß daraus, die Chromosomen seien eine Quelle der Kontinuität von Generation zu Generation.

In den 90er Jahren hatten die Wissenschaftler ein klares Bild von der Befruchtung gewonnen und erklärten jetzt sogar, die DNS (Mieschers Nuclein) sei die Grundlage der Vererbung.

Die moderne Genetik begann mit Gregor Mendels berühmten Experimenten, die er in den 60er Jahren des 19. Jahrhunderts mit Erbsen aus seinem Garten anstellte. Mendel hatte sich Erbsen ausgesucht, die bestimmte reine Merkmale zeigten, die sich erblich durchsetzten. Er nahm Pflanzen mit gelbem und andere mit grünem Samen. Wenn er sie kreuzte, kamen dabei immer Pflanzen mit gelben Samen heraus. Mendel nannte das gelbe Merkmal DOMINANT und das grüne REZESSIV. Er führte aus, die Nachkommen dieser Erstkreuzungen hätten zwar von jedem der beiden Elternteile dieselbe Menge genetischer Informationen mitbekommen, doch nur das dominante gelbe Merkmal habe sich durchgesetzt.

Als er diese Hybriden der ersten Generation miteinander kreuzte, fand er heraus, daß 75% der Nachkommen gelb und 25% grün waren, was seine Vermutung bestätigte, die grünen «Gene» (er benutzte diesen Begriff noch nicht) seien die ganze Zeit noch da gewesen. Mendel schloß daraus, grün und gelb seien getrennte genetische Einheiten, die sich unabhängig nach dem Gesetz des Zufalls sortierten.

Wenn der Zufall die Gesetze der Vererbung genetischer Informationen bestimmte, wo steckte dann die Information, die benötigt wurde, um einen komplizierten biologischen Organismus zu formen? Eine Antwort auf diese Frage kam von den sogenannten Vitalisten (vita: lateinisch Leben; der Vitalismus geht auf Aristoteles zurück), die argumentierten, lebende Organismen würden von außen, von den Händen Gottes geformt. Die Vitalisten glaubten an die EPIGENESE, d. h. der Embryo entwickle sich aus einem einfachen, ungeprägten Ei und werde nach und nach zu einem komplexen Organismus.

Im Gegensatz zu den Vitalisten (Epigenetiker) standen die Anhänger der PRÄFORMATIONSTHEORIE. Schon im 18. Jahrhundert hatte Charles Bonnet, ein führender Vertreter der Präformationslehre, erklärt, der gesamte Organismus müsse bereits von Anfang an im Ei und im Spermium angelegt sein. Bonnet, der von Newtons Erkenntnissen über die Mechanik beeinflußt worden war, hatte vermeiden wollen, das geheimnisvolle Wirken Gottes zur Erklärung heranzuziehen.

Im 19. Jahrhundert konnten die Biologen die Entwicklung des Embryos dann unter dem Mikroskop sehen. Ernst Haeckel faßte eine dritte Hypothese mit diesen wunderschönen Worten zusammen:

Was bedeutet, daß die Frühentwicklung des Embryos die **Erwachsenenstadien** niedriger Lebensformen, von denen er abstammt, nachvollzieht. So hat zum Beispiel der menschliche Embryo in einem frühen Entwicklungsstadium Kiemen wie ein Fisch. Doch so, wie von Haeckel formuliert, wird sein Gesetz heute nicht mehr akzeptiert.

Die Wissenschaftler des 19. Jahrhunderts machten sich auch Gedanken über den Einfluß der Umwelt auf die Entwicklung. Menschen aus den Bergen haben mehr rote Blutkörperchen als ihre Verwandten, die auf Meereshöhe leben. Und manche Menschen werden auf Grund ihrer Ernährung größer als andere. Im Jahre 1809 behauptete Lamarck unter anderem:

Diese These wird gewöhnlich mit den Worten: «Erworbene Eigenschaften werden vererbt» zusammengefaßt.

Die moderne Genetik hat Lamarck widerlegt. In Darwins Theorie funktioniert die **natürliche Auslese** – Umwelteinflüsse, die die Überlebenschancen eines Organismus' mitbestimmen – auf der Grundlage der unzähligen verschiedenen Formen von Organismen.

Der offenkundigste Mechanismus zur Schaffung genetischer Variationen ist das Geschlecht. Wie bei Mendels Erbsen werden genetische Merkmale während der geschlechtlichen Reproduktion zufällig sortiert. Die Kombinationsmöglichkeiten sind bei einem komplexen Organismus schier endlos.

Als Darwin sein Buch «Über den Ursprung der Arten» veröffentlichte, war der Vorgang, wie das Ei durch das Spermium befruchtet wird, noch ziemlich unerforscht. Darwin leitete seine Erklärung der Befruchtung (und der sich ergebenden Variationen) von einer alten griechischen Theorie ab: der Pangenesistheorie. Jedes Organ und Gewebe gebe kleine Körnchen, genannt Gemmulae, ab, die sich vereinten und so die Geschlechtszellen bildeten.

Doch Darwins Cousin Francis Galton übertrug Blut von Kaninchen einer bestimmten Farbe auf Kaninchen einer anderen Farbe, und die Bluttransfusion hatte keinen Einfluß auf die Farbe der Nachkommen. Galton meinte:

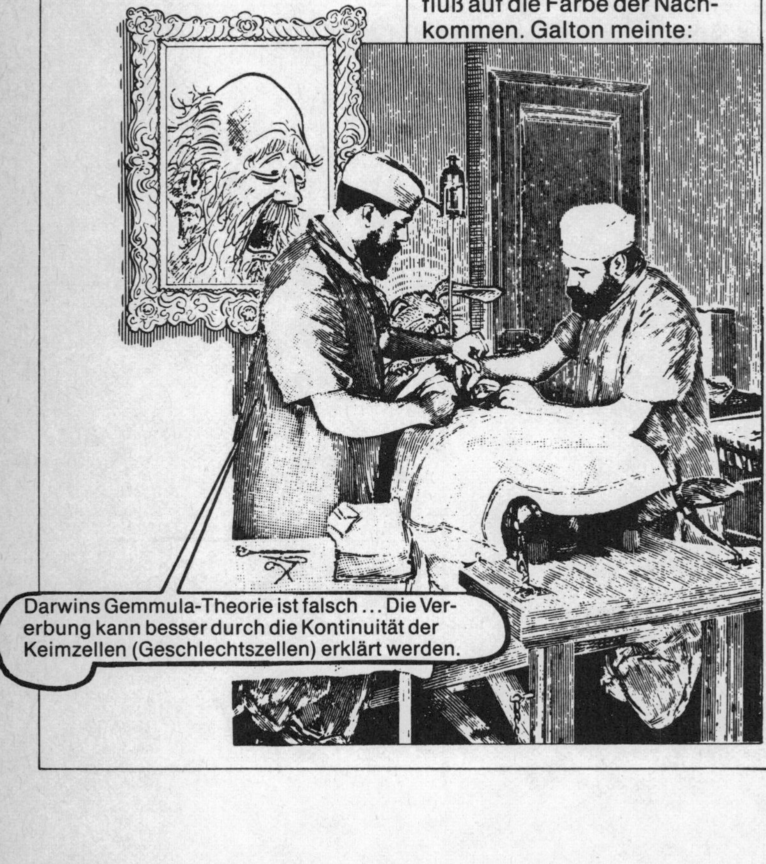

Diese Hypothese – später von August Weismann weiterentwikkelt – ging von der Unveränderlichkeit des Keimplasmas aus:

Die moderne Terminologie beschreibt dieses neue Verständnis:

1. DAS GEN
   galt damals als hypothetische Einheit, die verantwortlich war für die Weitergabe von genetischen Informationen von einer auf die nächste Generation.
2. PHÄNOTYP
   Erscheinungsbild eines Organismus mit all seinen Merkmalen, die dem Zusammenspiel von genetischen Anlagen und Umwelt entspringen.
3. GENOTYP
   die genetische Ausstattung des Organismus, im Gegensatz zu seiner physischen Erscheinung.

Wir wollen noch einmal rekapitulieren, was die Biologen in den ersten Jahrzehnten des 20. Jahrhunderts so glaubten:

1. Mendel hatte demonstriert, daß genetische Merkmale eigenständige Einheiten waren, die sich frei kombinierten.
2. Um die Entwicklung zu erklären, hatten Bonnet und die Präformationstheoretiker behauptet, im Ei und im Spermium sei schon die gesamte Vielfalt des erwachsenen Organismus angelegt. Die Epigenetiker meinten dagegen, der Embryo entwickle sich aus einer ganz einfachen zu einer komplexen Form, und zwar durch mystische – göttliche – Kräfte.
3. Haeckel warf kühn ein, die Ontogenie rekapituliere die Phylogenie (d. h. die Entwicklung des Individuums durchlaufe dieselben Stadien wie die evolutionäre Entwicklung der Art).
4. Darwins Evolutionstheorie basiert auf dem Gedanken der Variation innerhalb einer Art (zum Teil erzeugt durch geschlechtliche Reproduktion), und der natürlichen Auslese durch die Bedingungen des gegebenen Lebensraums.
5. Lamarck glaubte an die Vererbbarkeit erworbener Merkmale.

Die Herren Wissenschaftler führten eine wilde Debatte über die Mechanismen der Evolution und der Entwicklung. Doch solange sie nichts von der DNS wußten, ließen sich die Fragen nicht klären.

Als das Jahrhundert sich wendete, war die Genetik eine junge Wissenschaft. Der frühe Genetiker war nicht mehr als ein Statistiker der Vererbung. Um ihre Experimente ein bißchen zu beschleunigen, nahmen sich die Genetiker die Fruchtfliege Drosophila vor. Die armen Viecher haben nämlich nur einen Lebenszyklus von rund 14 Tagen, lassen sich leicht züchten und sind billig in der Haltung und genetisch ziemlich einfach strukturiert, da sie nur vier Chromosomenpaare haben.

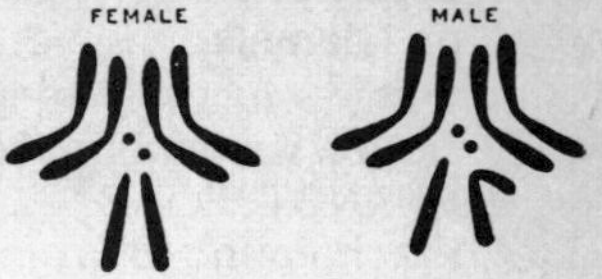

Thomas Hunt Morgan, seines Zeichens früher Drosophila-Genetiker, beobachtete Abweichungen von Mendels Gesetz der freien Kombination der Gene. Gewisse Gene blieben häufiger, als nach Mendels Statistik anzunehmen war, gekoppelt.

Morgan fand in der Drosophila vier Gruppen gekoppelter Gene. Die Neigung dieser Gene, auch bei den Nachkommen zusammen aufzutreten, deutete auf eine physische Gemeinsamkeit hin: Sie lagen auf demselben Chromosom. Die Drosophila verfügte über vier solcher «Koppelungsgruppen», weil sie vier Chromosomen hatte.

Allerdings beobachtete Morgan auch, daß Eigenschaften, die auf demselben Chromosom lagen, gelegentlich in neuen Kombinationen auftraten. Er vermutete, daß Chromosomen brechen und rekombinieren könnten, wodurch es zu neuen Genkombinationen kommen müsse. So ergäben sich neue Reihenfolgen der Gene auf demselben Chromosom (bei einer geraden Anzahl von Brüchen des DNS-Abschnittes; es gibt übrigens auch das sogenannte Crossover, bei dem Gene auf ein anderes Chromosom überwechseln). Aus der Häufigkeit der Brüche zwischen einzelnen Genen eines Chromosoms ließe sich nun, vermutete Morgan, bestimmen, in welcher Entfernung voneinander sie auf dem Chromosom liegen, denn je weiter sie auseinanderlägen, um so größer die Chance von Brüchen zwischen ihnen. Auf der Grundlage dieser Schlußfolgerungen fertigte Morgan Karten der Gene auf den **Drosophila**chromosomen an. Er machte dabei die wichtige Entdeckung, daß Gene linear angeordnet sind und spezifische Positionen auf den Chromosomen besetzen.

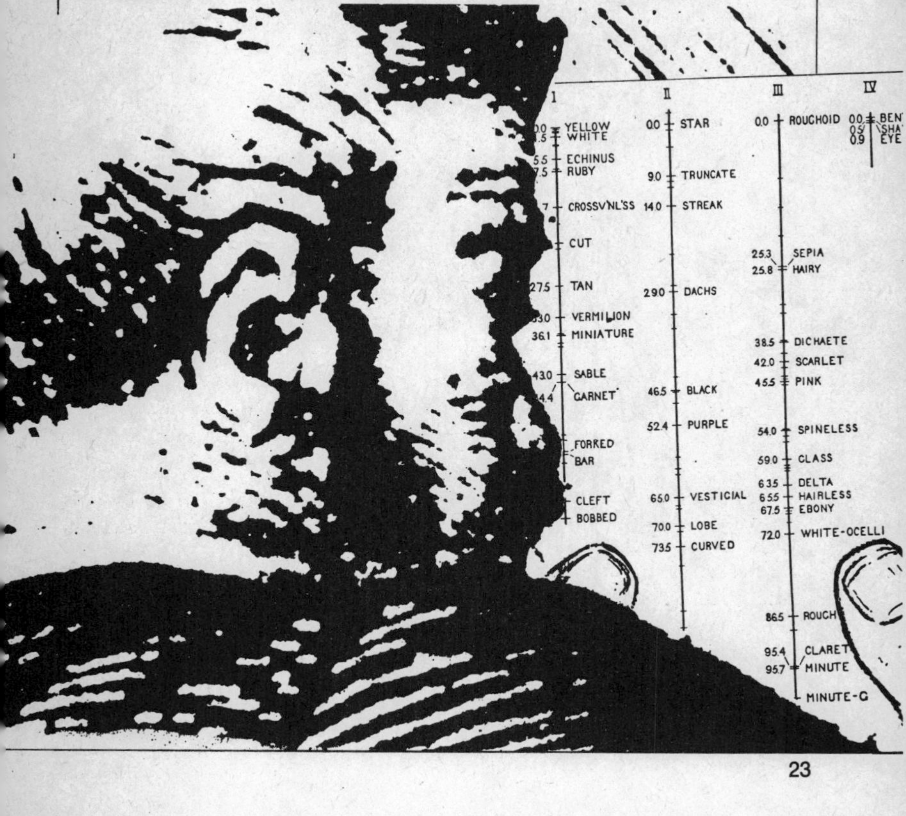

In den 30er Jahren hatten die Wissenschaftler wenig Hoffnung, «ein Gen in einem Mörser zu zermahlen oder in einer Retorte zu destillieren». Eine Eigenschaft der Gene konnte jedoch analysiert werden: die Fähigkeit zu **mutieren**. Hermann J. Muller, ein Schüler Morgans, vergrößerte die Mutationsrate der Drosophila um das 15000fache gegenüber der Normalrate, indem er die Fliegen mit Röntgenstrahlen bestrahlte. Muller nahm an, Mutationen resultierten aus chemischen Reaktionen oder «sub-mikroskopischen Unfällen», die von der Strahlung im genetischen Material verursacht würden. Bei seinen Versuchen beobachtete er sowohl Mutationen, die in der Natur nicht vorkamen (wie «Flügelfleckung»), als auch natürliche Mutationen wie «Weißäugigkeit» und «Kurzflügel».

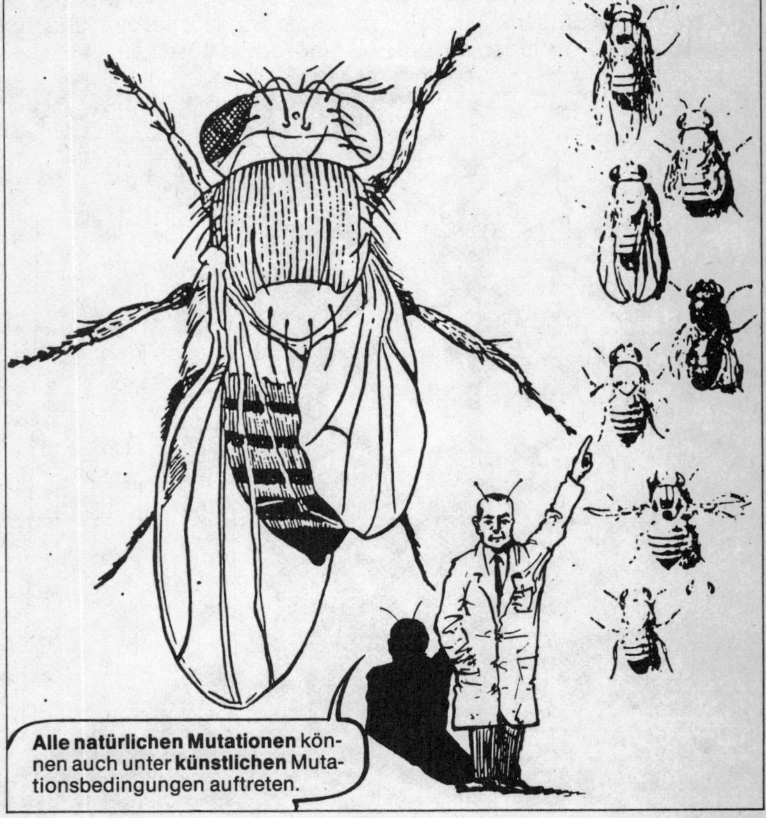

Muller ging von den USA in die Sowjetunion, wo er einen wissenschaftlichen Disput mit dem sowjetischen Genetiker T. D. Lyssenko führte.

Mullers Experimente bewiesen, daß sich Lamarck und Lyssenko geirrt hatten.

Obwohl der Disput mit Lyssenko ihn aus Rußland vertrieb, sagte Muller auch weiterhin seine Meinung zu den Faktoren, die die genetische Verfassung einer Gesellschaft bestimmen.

Noch immer herrschte Unklarheit darüber, wie ein Gen tatsächlich funktionierte. Doch bald schon sollten zunächst Sir Archibald Garrod in London und später die Amerikaner George Beadle und E. L. Tatum zeigen, daß jedes Gen ein Enzym bestimmt.
SS AMERICA
Ein Enzym ist eine Proteinart, die biologische Reaktionen katalysiert (herbeiführt, beschleunigt oder verlangsamt). Durch den Befehl an den Organismus, ein bestimmtes Enzym herzustellen, setzt das Gen eine bestimmte chemische Reaktion in der Zelle in Gang.
Ich habe das in meiner «Ein Gen, ein Enzym»-Hypothese zusammengefaßt.
Doch nun müssen wir die chemischen Substanzen in den Chromosomen identifizieren, die genetische Merkmale speichern und übertragen: die Gene nämlich.
Verwirrt? Das waren die damals auch für 'ne Weile. Ironischerweise kamen die Antworten nicht von unseren klugen Genetikern, sondern von Medizinern.

Pneumonie (Lungenentzündung) wird von einer Bakterie namens Pneumokokkus ausgelöst. Aber nur ganz bestimmte Stämme von Pneumokokki sind Krankheitserreger oder bösartig. Der Unterschied zwischen den bösartigen und harmlosen Stämmen ist in den jeweiligen Erbanlagen festgeschrieben. Die entscheidende Frage war nun, was die chemische Grundlage für das biologische Merkmal der Virulenz (Bösartigkeit) war.

Zwei Mediziner, die sich mit dem Pneumokokkus beschäftigten, lieferten die Erkenntnisse, die die DNS als den Informationsspeicher von Erbanlagen identifizierten. Beide waren schüchtern, penibel und nicht gerade kräftig gebaut.

Der eine, Fred Griffith, arbeitete im Gesundheitsministerium in London als Taxonomiker. Er widmete sich mit Inbrunst der Entwicklung verläßlicher Methoden zur Klassifizierung von Krankheitserregern.

Der andere, Oswald Avery, war der Sohn eines englischen Geistlichen, der zunächst nach Halifax in Kanada und später nach New York auswanderte. Avery arbeitete am Rockefeller Institute in der Nähe des Labors von P. A. T. Levene, dem berühmten DNS-Forscher.

Griffith in London, fand heraus, daß nicht-virulente (harmlose) Stämme in einem Nährmedium **rauhe** Kolonien bildeten, während virulente Stämme **glatte** Kolonien bildeten. Allein das Aussehen der beiden Kolonien reichte aus, um die beiden Stämme zu unterscheiden. Um die Virulenz einer Kolonie zu prüfen, injizierte Griffith Mäusen die Bakterien.

Weiter entdeckte Griffith, daß virulente Bakterien abstarben, wenn man sie großer Hitze aussetzte. Sie verloren ihre Fähigkeit, Krankheit auszulösen. Überraschend war allerdings, daß die Mäuse starben, nachdem ihnen eine Mischung aus abgetöteten virulenten (glatten) Bakterien und lebenden nicht-virulenten (rauhen) Pneumokokken injiziert worden war. Darüber hinaus waren die Bakterien, die aus den toten Mäusen isoliert wurden, glatt, also virulent, obwohl die einzigen lebenden injizierten Bakterien rauh, also nicht-virulent, gewesen waren. Rauhe Bakterien waren durch nicht-lebenden Extrakt glatter Bakterien in glatte Bakterien umgewandelt worden. Besonders wichtig war dabei, daß der Austausch permanent und vererblich war. Das Gen, das rauhe Kolonien von glatten Kolonien unterschied, war verändert worden.

Avery, der ganz aufgeregt war über die Entdeckung, daß man in Pneumokokken eine Veränderung des Erbguts erzeugen konnte, machte sich jetzt daran, den Bestandteil der abgetöteten glatten Pneumokokken zu suchen, der die Virulenz übertrug. Der Unterschied zwischen den glatten und den rauhen Kolonien, dem bösartigen und dem harmlosen Stamm, bildete die Grundlage für die Untersuchungen.

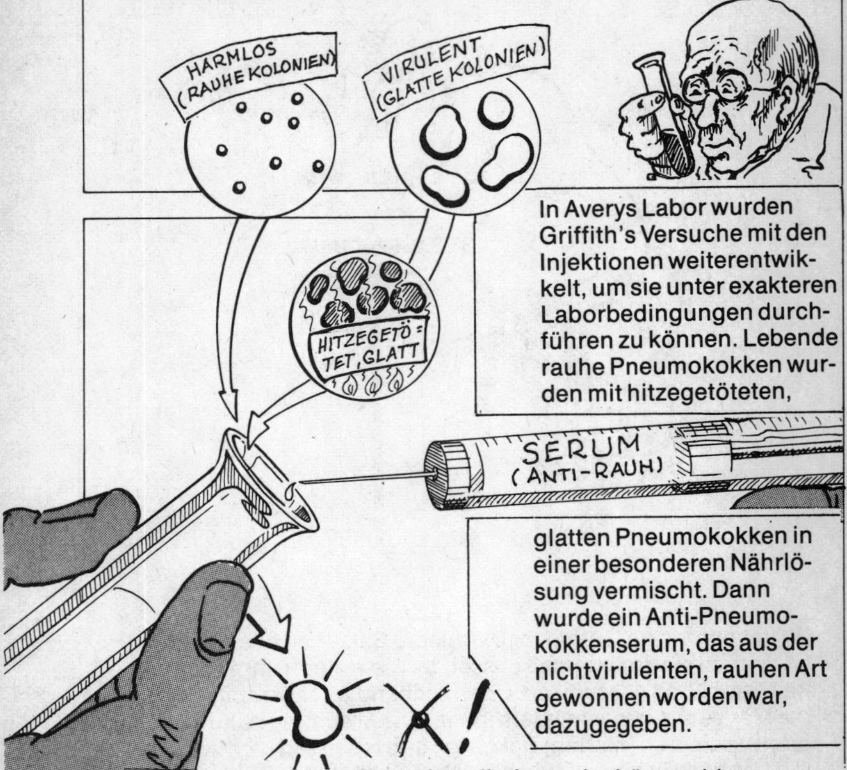

In Averys Labor wurden Griffith's Versuche mit den Injektionen weiterentwikkelt, um sie unter exakteren Laborbedingungen durchführen zu können. Lebende rauhe Pneumokokken wurden mit hitzegetöteten, glatten Pneumokokken in einer besonderen Nährlösung vermischt. Dann wurde ein Anti-Pneumokokkenserum, das aus der nichtvirulenten, rauhen Art gewonnen worden war, dazugegeben.

Die lebenden rauhen Bakterien, die Avery der Lösung hinzufügte, konnten mit diesem Serum nicht überleben. Nach mehreren Wachstumszyklen in einem Reagenzglas mit dem Serum, wurden aber Pneumokokken in der glatten Form entdeckt. Die Transformation hatte stattgefunden, ohne daß die Bakterien Mäusen injiziert werden mußten. Das Tor zur Herauskristallisierung des Faktors, der die Transformation bewirkt, des, wie sie es nannten, «transformierenden Prinzips», war aufgestoßen. Dieses jetzt endlich aufgedeckte Transformationsprinzip war die **DNS**.

Avery veröffentlichte seine Schlußfolgerungen 1944 in einem gemeinsamen, zurückhaltenden Papier mit Maclyn McCarty und Colin MacLeod. Noch jahrelang stellten zwei einflußreiche Wissenschaftler an Averys eigenem Institut, dem Rockefeller Institute, seine Ergebnisse in Frage. P. A. T. Levenes Tetranukleotid-Hypothese war unvereinbar mit der Informationsrolle der DNS. Und Alfred Mirsky, ein Chromatin-Experte, beharrte darauf, Proteinmoleküle besonderer Art könnten die wahren Informationsträger des «transformierenden Prinzips» sein – nicht die DNS!

Averys Zurückhaltung verstärkte die Zweifel, ob er selbst die Wichtigkeit seiner Ergebnisse überhaupt erkannte. Für viele Leute aber war die Identifizierung der DNS als das «transformierende Prinzip» eine ziemlich aufregende Entdeckung.

DNS ist eine lange Kette von Kügelchen, wobei jede einzelne Kugel aus einer von vier verschiedenen Arten bestehen kann. Die Information ist entsprechend der Anordnung der Kügelchen auf der Kette codiert. Jedes Kügelchen ist eine «Base» und hat einen Namen: **Adenin, Guanin, Cytosin** oder **Thymin**. (Bei der RNS, deren Funktion wir später betrachten werden, ist Thymin durch **Uracil** ersetzt.) Schon um 1900 waren alle dieser Basen bekannt und in zwei Gruppen klassifiziert worden: die **Purine** – Adenin und Guanin – und die **Pyrimidine** – Cytosin, Thymin und Uracil. Die fünf Basen werden mit A, G, C, T und U abgekürzt.

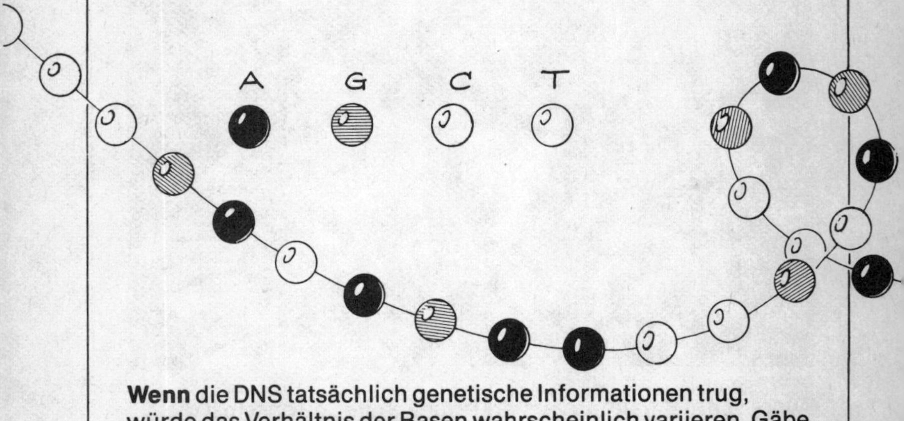

Wenn die DNS tatsächlich genetische Informationen trug, würde das Verhältnis der Basen wahrscheinlich variieren. Gäbe es jedoch genauso viele Adenine wie Guanine, Cytosine und Thymine, wäre die DNS vielleicht doch nicht der Informationsträger.

Anfang des 20. Jahrhunderts wußten die Chemiker noch nicht, daß die genetische Information in der **linearen** Anordnung der Basen geborgen war. Da sie recht grobe chemische Analysen anwandten, kamen die Wissenschaftler zu der irrigen Annahme, die DNS enthalte genau **gleiche** Mengen der vier Basen. Diese Vermutung wird die Tetranukleotid-Hypothese genannt, die auf den deutschen Chemiker Albrecht Kossel zurückging, die jedoch enger mit dem Namen eines in Rußland geborenen Chemikers verbunden ist, der den größten Teil seiner Forschungen am New Yorker Rockefeller Institute trieb: P. A. T. Levene.

Der arme Levene ist wegen seiner Verteidigung der Tetranukleotid-Hypothese viel geschmäht worden, und man hat ihm sogar vorgeworfen, er habe die Gen-Forschung dadurch jahrzehntelang zurückgehalten! Sehen wir uns doch mal an, wie die Geschichte Levene zum wissenschaftlichen Irrläufer stempelte ...

Es gibt zwei verschiedene Arten von Nukleinsäuren: DNS und RNS. Da gegen Ende des vorigen Jahrhunderts DNS hauptsächlich aus Kalbsthymus (Kalbsbries) gewonnen und da das, was später als RNS identifiziert, aus Hefe isoliert wurde, glaubte man, DNS komme nur in Tieren und RNS nur in Pflanzen (wie Hefe) vor. Das war ein unglückseliges Mißverständnis, und es wurde auch nicht durch die Tatsache ausgeräumt, daß RNS häufig in Tierzellen gefunden wurde. Die Wissenschaftler erklärten naßforsch, die Tiere hätten schließlich Pflanzen gefressen!

Auf der chemischen Ebene unterscheiden sich DNS und RNS dadurch, daß 1) Thymin, das in der DNS als Base fungiert, in der RNS durch Uracil ersetzt ist und 2) daß sich die Zucker«rückgrate» unterscheiden. In beiden Zuckern gibt es fünf Kohlenstoffatome, die in einer fünfeckigen Ringstruktur angeordnet sind. Diesen Zucker nennt man Pentose, hier speziell: Ribose.

RNS IST DIE ABKÜRZUNG FÜR RIBONUKLEINSÄURE, UND DNS STEHT FÜR DESOXYRIBONUKLEINSÄURE.

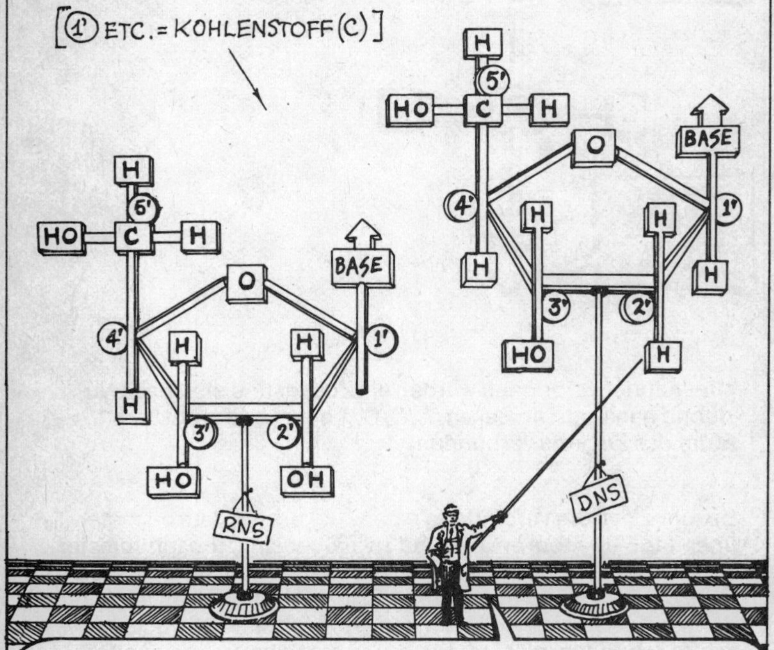

Wir geben jedem Kohlenstoffatom des Zuckers eine Nummer; man sieht in dem Modell, daß das 2-C-Atom im DNS-Zucker eine andere Nebengruppe hat als im RNS-Zucker. Der DNS-Zucker trägt an Position 2' kein Sauerstoff. Da der RNS-Zucker Ribose heißt, wird der DNS-Zucker 2' **Desoxy**ribose, also Ribose ohne Sauerstoff im zweiten C-Atom, genannt. **Das ist der Ursprung der Abkürzungen DNS und RNS**.

1934 zeigte Levene, daß die Zucker in der DNS wie in der RNS durch Phosphorsäurebrücken (Phosphodiesterbrücken) miteinander verbunden sind, d. h. durch von Sauerstoff umgebenen Phosphor:

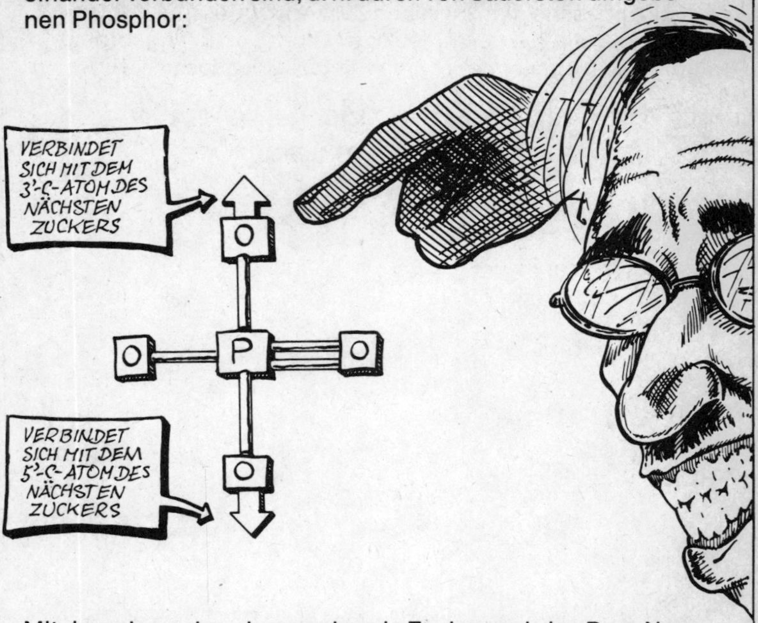

Miteinander verbunden werden ein Zucker und eine Base Nukleotid genannt. Die Basen (A, C, G, T oder U) sind mit dem 1'-C-Atom des Zuckers verbunden.

Beachte, daß die Verbindung eines Zuckers mit dem nächsten über das 5'-C-Atom erfolgt, und zwar über eine Phosphodiesterbrücke zum 3'-C-Atom des nächstfolgenden Zuckers. Deshalb sieht die DNS aus wie eine lange Reihe von Kügelchen an einer Schnur. Die einzelnen Kügelchen repräsentieren die Zucker, jeweils verbunden mit einer Base, und die Schnur repräsentiert die Phosphodiesterbrücken zwischen den Zuckern.

Weil die Phosphatverbindung zwischen den Zuckern vom 5'-C-Atom zum 3'-C-Atom verläuft (wie auf der nächsten Seite dargestellt), kann man sagen, das Zuckerrückgrat sei räumlich angeordnet. Biochemiker sprechen auch von einer «5'-nach-3'-Bewegung» in der DNS-Kette.

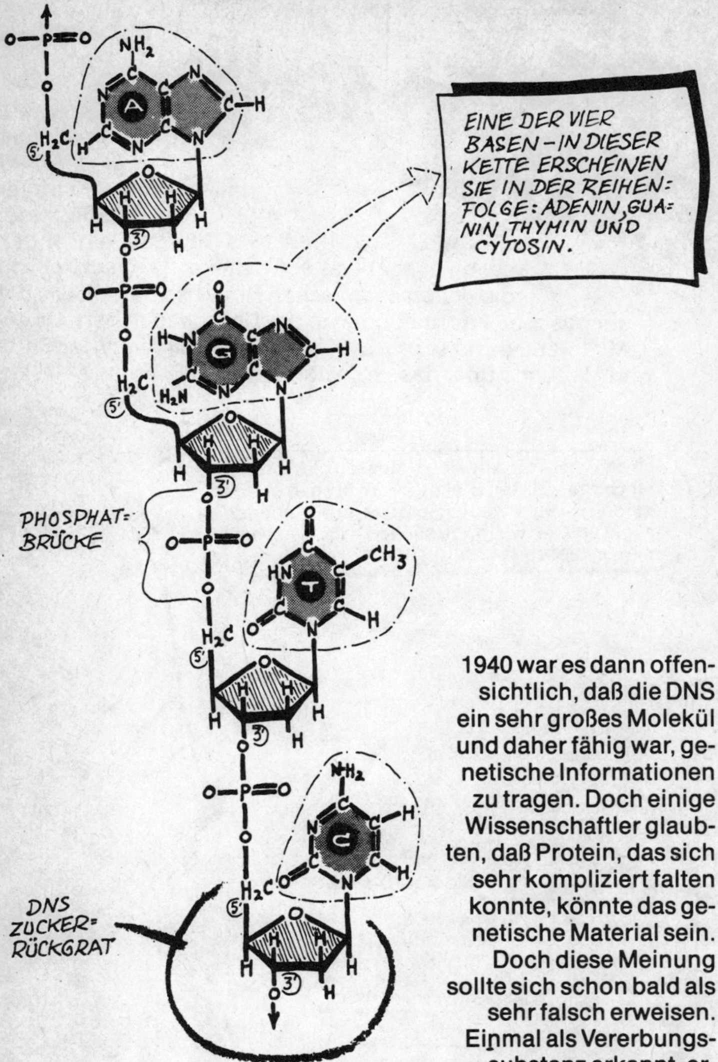

1940 war es dann offensichtlich, daß die DNS ein sehr großes Molekül und daher fähig war, genetische Informationen zu tragen. Doch einige Wissenschaftler glaubten, daß Protein, das sich sehr kompliziert falten konnte, könnte das genetische Material sein. Doch diese Meinung sollte sich schon bald als sehr falsch erweisen. Einmal als Vererbungssubstanz erkannt, erfüllte die DNS alle theoretischen Anforderungen mit bewundernswerter Einfachheit.

DIE NEUE BIOLOGIE
Fragte sich nur, wie die DNS als Informationsträger funktionierte. Erwin Chargaff, ein junger, in Wien ausgebildeter Chemiker, fand schließlich die ersten chemischen Hinweise darauf, wie die genetischen Informationen in der DNS gespeichert waren. Mit Interesse hatte er zuvor das Papier von Avery, McCarty und MacLeod über das «transformierende Prinzip» gelesen.
Ich sah vor mir in dunklen Umrissen die Anfänge einer Grammatik der Biologie ... Avery gab uns den ersten Text einer neuen Sprache, oder richtiger, er zeigte uns, wo wir ihn zu suchen haben. Ich nahm mir vor, diesen Text zu suchen.
'DIES ON THE CHEMICAL NATURE OF THE SUBSTANCE
NDUCING TRANSFORMATION OF PNEUMOCOCCAL TYPES
UCTION OF TRANSFORMATION BY A DESOXYRIBONUCLEIC ACID FRACTION
ISOLATED FROM PNEUMOCOCCUS TYPE III
BY OSWALD T. AVERY, M.D., COLIN M. MACLEOD, M.D., AND
MACLYN MCCARTY,* M.D.
(From the Hospital of The Rockefeller Institute for Medical Research)
PLATE 1
(Received for publication, November 1, 1943)
Biologists have long attempted by chemical means to induce in higher
ganisms predictable and specific changes which thereafter could be trans-
tted in series as hereditary characters. Among microörganisms the most
iking example of inheritable and specific alterations in cell structure and
nction that can be experimentally induced and are reproducible under well
fined and adequately controlled conditions is the transformation of specific
pes of Pneumococcus. This phenomenon was first described by Griffith (1)
ho succeeded in transforming an attenuated and non-encapsulated (R)
riant derived from one specific type into fully encapsulated and virulent (S)
lls of a heterologous specific type. A typical instance will suffice to illustrate
e techniques originally used and serve to indicate the wide variety of trans-
rmations that are possible within the limits of this bacterial species.

Chargaff bediente sich der Methode der quantitativen Analyse, wobei er auf gerade erst entwickelte Techniken zur Trennung der vier Basen zurückgreifen konnte. Er stellte reine DNS-Proben her und quantifizierte dann sehr genau die Mengen der einzelnen Basen A, G, C und T.

Die Lösungsmittelsysteme und die Art, in der die voneinander getrennten Zonen sichtbar gemacht wurden, waren primitiv; aber es glückte uns, winzige Mengen, etwa fünf Millionstel Gramm, von jeder der Substanzen abzutrennen und zu identifizieren.

Als Chargaff Basen-Zusammensetzungen von DNS aus vielen verschiedenen Quellen maß, bemerkte er Regelmäßigkeiten, die mit «Chargaff-Regeln» bezeichnet werden:

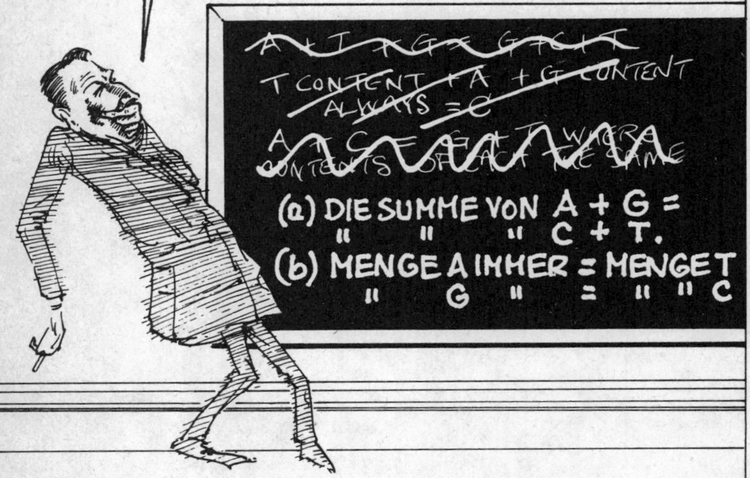

Dieses Zahlenspiel war so fesselnd wie rätselhaft. Es deutete darauf hin, daß die Zusammensetzung der DNS über eine grundlegende Regelmäßigkeit verfügte. Doch Chargaffs Regeln allein reichten nicht aus, um die von ihm beobachteten Regelmäßigkeiten zu erklären.

Die DNS ist ein Makromolekül, und die meisten ihrer interessanten Eigenschaften gehen verloren, wenn sie aufgebrochen wird. Folglich mußte der experimentelle Ansatz zur Bestimmung der DNS-Struktur von der Analyse intakter DNS ausgehen, der DNS in ihrer makromolekularen Form. Diese Anforderung erfüllte die Röntgenstrukturanalyse, die in Cambridge von den Braggs, Vater und Sohn, in den Cavendish Laboratorien entwickelt worden war (auch: Röntgenstrahlendiffraktionstechnik).

Um ein Röntgendiagramm anzufertigen, wird ein feiner Röntgenstrahl durch ein Kristall der Substanz, deren Struktur analysiert werden soll, gelenkt. Der Strahl tritt in eine Wechselwirkung mit den Atomen in dem Kristall ein und tritt als komplexes Strahlenmuster, das auf Röntgenfilm festgehalten werden kann, wieder hervor. Durch Analyse der Strahlenbeugung im Kristall kann dann die Struktur des unbekannten Moleküls reduziert werden.

In dem Labor in Cambridge versuchte man nun eine tollkühne Anwendung der Röntgenstrukturanalyse: zur Erforschung von komplexen biologischen Makromolekülen, den Proteinen. Max Perutz, ein Österreicher, wurde angeheuert, um das Forscherteam zu leiten.

James D. Watson

Perutz' Team bestand nicht allein aus Forschern, die an Proteinen interessiert waren. 1951 schloß sich ein Amerikaner, James D. Watson, dem Forscherteam aus Cambridge an, und Watson bewegte andere Fragen in seinem Kopf. Sein Interesse an Genen hatte ihn ans Cavendish Laboratory gebracht. Als Student in Chicago hatte Watson seine Zeit damit verbracht, Vögel zu beobachten und über Biologie zu sinnieren. Er hatte das Glück, bei Salvador Luria, dem Gründer der Phagen-Gruppe, von dem er die Prinzipien der Phagengenetik lernte, zu studieren.

Watson begriff schnell, daß die DNS der molekulare Schlüssel zur Genetik war, doch mit seinen geringen chemischen Kenntnissen war er kaum in der Lage, genetische Phänomene in bezug auf die chemischen Eigenschaften des DNS-Moleküls wirklich zu begreifen. Nach dem Ende seines Studiums bei Luria reiste Watson nach Kopenhagen, wo er seine Phagen-Studien fortsetzte. Watson hatte großen Spaß an Reisen, die ihn von seinem dänischen Laboratorium fortführten, und so machte er sich 1951 auf zu einer Konferenz in Neapel, wo er zufällig mit Maurice Wilkins, einem Londoner Kristallographen, der sich für DNS interessierte, zusammentraf.

Auf der neapolitanischen Konferenz zeigte Wilkins kurz eine Röntgenaufnahme der DNS. Anders als bei einem normalen Photo, aufgenommen mit Hilfe eines Kameraobjektivs und bei Tageslicht, genügte es nicht, sich die Aufnahmen einfach anzuschauen, um die Struktur des DNS-Moleküls zu erkennen. Nicht einmal die scharfen Punkte, die bei Aufnahmen einfacher Mineralproben auftraten, waren vorhanden.

Inspiriert von dem Röntgenbild, machte sich Watson jetzt auf, ein Laboratorium zu finden, wo er sich in die Erforschung der DNS-Struktur stürzen konnte. Er organisierte seinen Wechsel von Kopenhagen nach Cambridge, wo er sich der Gruppe von Max Perutz anschloß. Die Proteinkristallographie fiel Watson wahrlich nicht leicht, und sehr bald war er hauptsächlich damit beschäftigt, lange Gespräche mit Francis Crick zu führen.

Francis Crick war ein 35jähriger Physiker, der an der Entwicklung der mathematischen Grundlagen der Röntgenstrahlendiffraktionstechnik bei der Makromolekülanalyse arbeitete. In seinem Innersten war Crick ein Theoretiker – ausgebildet In Physik, aber angezogen von der Biologie, denn er war fasziniert davon, das Grenzgebiet zwischen dem Belebten und dem Unbelebten zu erforschen.
Das ... Ziel, das ich anstrebe, ist ... die räumliche Anordnung der am Aufbau beteiligten Atome (zu beschreiben) ... Man könnte dies die chemische Physik der Biologie nennen.
Crick hatte bis zum Ausbruch des Zweiten Weltkriegs Physik studiert und dann bei der Admiralität gedient, wo er geniale magnetische Minen entwarf. 1949 schloß er sich der Cavendish-Gruppe an. Bald lehrte er selbst Röntgenstrahlendiffraktionstheorie und den damaligen Stand der Proteinstrukturforschung.

Seit ihrem ersten Zusammentreffen im Jahre 1951 profitierten Watson und Crick gegenseitig von ihren Diskussionen. Sie stimmten darin überein, daß die Erforschung der DNS-Struktur das alles überragende Problem der Genetik sei. Doch Crick, der Theoretiker, und Watson, der Neuling ohne Erfahrung, konnten selbst nur wenig Neues in die Debatten einbringen.

Es gab da aber noch jemanden außerhalb Cambridges, der neue Einsichten in die Proteinstruktur gewonnen hatte: Linus Pauling, der Chemiegenius vom California Institute of Technology (kurz Cal Tech genannt). Er meinte erkannt zu haben, daß Proteinketten in Spiralform gefaltet seien (alpha-Helix-Modell). Crick kannte dieses Modell sehr gut, und durch das Studium von Paulings Arbeiten lernte er die Theorie der Diffraktion von spiralförmigen Makromolekülen kennen.

Die besten Röntgenergebnisse – teilweise schon auf der Konferenz in Neapel von Maurice Wilkins vorgeführt – lagen in London. Auch Wilkins war ein Physiker, der sich der Biophysik zugewandt hatte. Im Jahre 1950 gelangen Wilkins zusammen mit seinem Schüler Raymond Gosling gute Röntgenmuster von DNS-Fasern.

In der Regel erhält man die klarsten Röntgenmuster, wenn es sich um einen kristallinen Untersuchungsgegenstand handelt. Die DNS, ein langes, fadenartiges Molekül, konnte in Fasern gerissen werden, in denen sich individuelle DNS-Moleküle Seite an Seite parallel zueinander anordneten. Obwohl sie keine echten Kristalle waren, verfügten die DNS-Fasern doch über eine hinreichende Ordnung, um informative Röntgenbilder von ihnen machen zu können. Bei der Herstellung der ersten Fasern wurde der Wassergehalt der DNS extrem reduziert; die daraus resultierende Struktur wurde die «A-Form» der DNS genannt.

Gegen Ende des Jahres 1950 stieß Rosalind Franklin zu Wilkins. Sie war Engländerin und hatte in Cambridge studiert, die Theorie und Praxis der Röntgenstrahlendiffraktion jedoch in Paris gelernt. Franklins Einstieg in die Technik war über die Analyse para-kristalliner Substanzen wie Graphit erfolgt. Sie war also bestens vorbereitet, das Problem der DNS-Struktur-Analyse anzugehen, als sie in London eintraf.

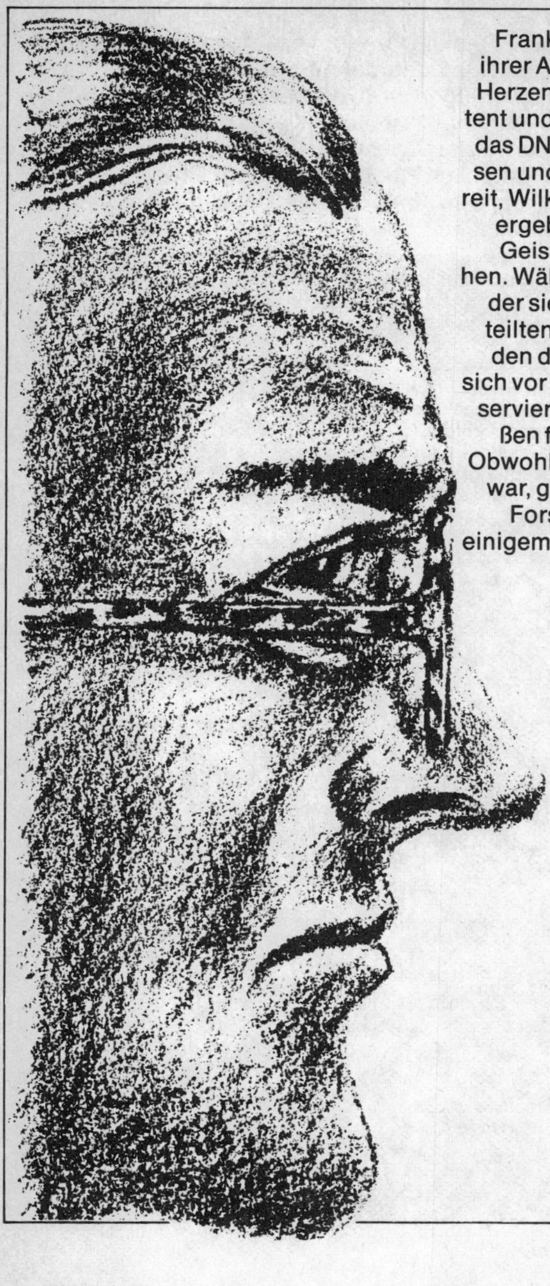

Franklin widmete sich ihrer Arbeit mit ganzem Herzen. Sie war kompetent und begierig darauf, das DNS-Problem zu lösen und keineswegs bereit, Wilkins dabei nur als ergebener, hilfreicher Geist zur Seite zu stehen. Während der Zeit, in der sie dasselbe Labor teilten, blieben die beiden distanziert, wobei sich vor allem Wilkins reserviert und einigermaßen förmlich verhielt. Obwohl Franklin isoliert war, ging sie ihre DNS-Forschung doch mit einigem Optimismus an.

Im Herbst 1951 hatte Franklin ihren ersten Erfolg. Sie entwikkelte eine verbesserte Methode, der A-Form der DNS-Fasern wieder Wasser hinzuzufügen. Im hydrierten Zustand verwandelte sich die DNS-Struktur erheblich, wie mit der Röntgenanalyse zu beobachten war. Im November 1951 präsentierte Franklin zum erstenmal öffentlich ihre Ergebnisse vor einer kleinen Wissenschaftlergruppe im Kings College. Unter den Zuhörern befand sich auch Watson.

Nach dem Meeting aßen Watson und Wilkins zusammen in einem chinesischen Restaurant. Während der Unterhaltung gewann Watson den Eindruck, Franklin habe Wilkins' eigene Ergebnisse nur verfeinert und könnte den Fortgang der Untersuchungen wegen ihrer distanzierten Beziehung zu Wilkins womöglich gar verlangsamen. Watson kehrte nach Cambridge zurück und teilte Crick seine Erinnerungen an Franklins Vortrag mit.

Crick glaubte jetzt, daß die bereits verfügbaren Daten die möglichen DNS-Strukturen vielleicht auf einige wenige Varianten beschränkten. Man könnte die Struktur deduzieren, indem man eine hypothetische Struktur erstellte und die experimentellen Daten mit den Vorhersagen des Modells verglich.

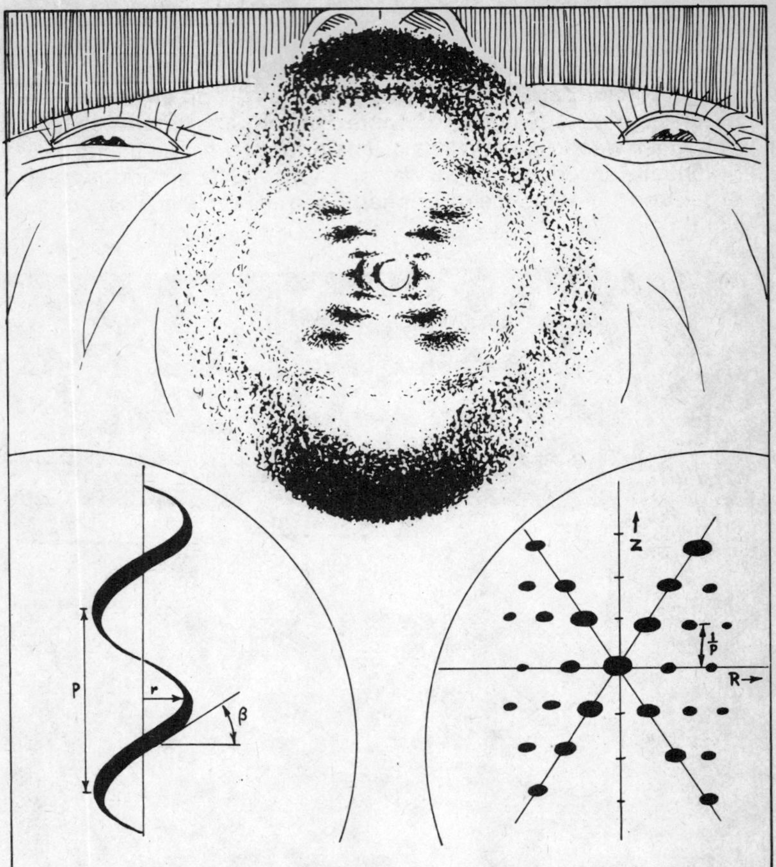

Das Röntgenbild der DNS zeigte ein Muster, das die Form eines Malteserkreuzes hatte, die charakteristisch für eine Helix ist. Franklin und Wilkins hatten bereits erkannt, daß es sich bei der DNS wahrscheinlich um eine Helix handelte. Glücklicherweise hatte die von Pauling entwickelte Alpha-Helix-Theorie damals eine intensive Überprüfung und Neuformulierung der Theorie über die Helix-Molekül-Diffraktion ausgelöst. Crick arbeitete gemeinsam mit Cochran an dem Problem. Es gab viele mögliche Helices: zweisträngig, dreisträngig, viersträngig – und jede von ihnen konnte sich in verschieden großen Bögen winden. Viele der grundlegenden Dimensionen konnten von den Röntgenbildern deduziert werden.

Im Jahre 1952 reiste Erwin Chargaff nach Cambridge, und auf Veranlassung von Perutz' Mitarbeiter John Kendrew sprach er mit zwei Leuten vom Cavendish Laboratory, «die gerade daran waren, sich an die Nukleinsäuren heranzumachen». Später schrieb Chargaff über dieses Zusammentreffen:

«Ihren Höhepunkt erreichte Chargaffs Verachtung», schrieb James D. Watson über die Begegnung mit Chargaff, «als er Francis das Geständnis entlockte, er könne sich an die chemischen Unterschiede zwischen den vier Basen nicht mehr erinnern.» Trotz seiner Verachtung erklärte Chargaff detailliert seine Forschungsergebnisse über die quantitativen Verhältnisse der DNS-Basen und brannte das Zahlenfeuerwerk der Chargaffschen Regeln ab.

Der Knackpunkt eines jeden Modells war die Erklärung der phantastischen Fähigkeit der Gene, sich selbst zu vermehren. Watson kannte die Hypothese, die Gen-Replikation beruhe auf der Bildung «komplementärer Oberflächen», aus denen ein neues Gen konstruiert werden könnte.

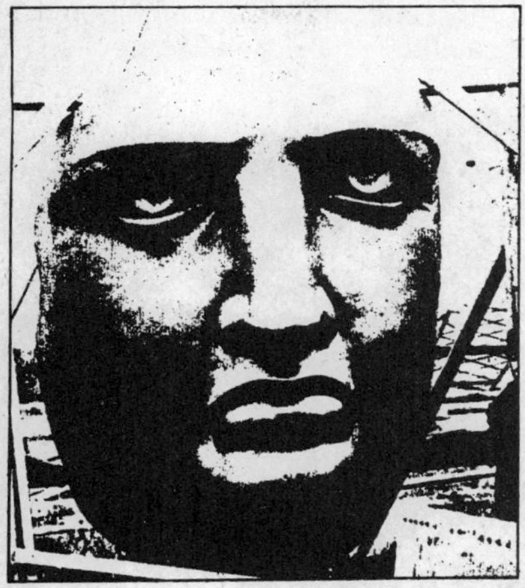

Eine alternative Möglichkeit der Replikation wäre die direkte Kopierung ohne komplementären Vermittler gewesen.

In der Zwischenzeit hatte Pauling seine Aufmerksamkeit von den Proteinen auf die DNS gerichtet und eine unrealistische Struktur in die Debatte geworfen. Watson erkannte, daß Paulings Modell keine Erklärung für die Säurenatur der DNS bot. Stabilisierende Kräfte, von deren Existenz Paulings Modell abhing, gab es wahrscheinlich nicht. Watson war überzeugt, Pauling würde seinen Fehler bald erkennen und dann seine Bemühungen intensivieren, die tatsächliche Struktur aufzudecken.

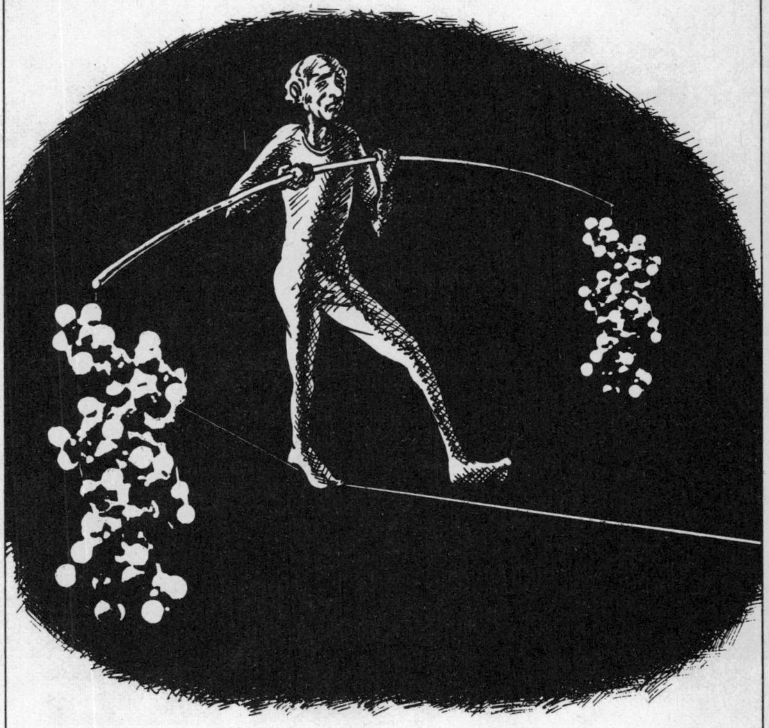

Während dieser Zeit trieb Franklin ihre Röntgenuntersuchungen der B-Form der DNS voran. Watson blieb über ihre Fortschritte dank gelegentlicher Treffen mit Maurice Wilkins in London auf dem laufenden. Als die Cochran-Crick-Diffraktionstheorie angewandt wurde, um die B-Form-Muster zu untersuchen, wurde deutlich, daß auch hydriertes DNS eine Spirale, eine Helix, war.

Um unvereinbar scheinende Beweise für die DNS-Struktur in Übereinstimmung zu bringen, wollte Watson genaue Modelle von DNS-Helices bauen. Mechaniker des Cavendish-Laboratoriums wurden gebeten, Nachbildungen der Purin- und der Pyrimidin-Basen aus Metall herzustellen. In einigen Modellen war der Phosphatbaustein innen – wie in Paulings Modell. In anderen war er außen. Watson probierte Gruppierungen von Basen, die Wasserstoffbrücken bilden und die Helix stabilisieren könnten. An einem Punkt ging Watson mit einem Schema schwanger, in dem sich A mit A paarte und T mit T und so weiter – eine «Gleiches-mit-Gleichem-Struktur».

Doch dieses Modell wurde schon bald wieder begraben; Watson hatte falsche chemische Formen von T und G benutzt.

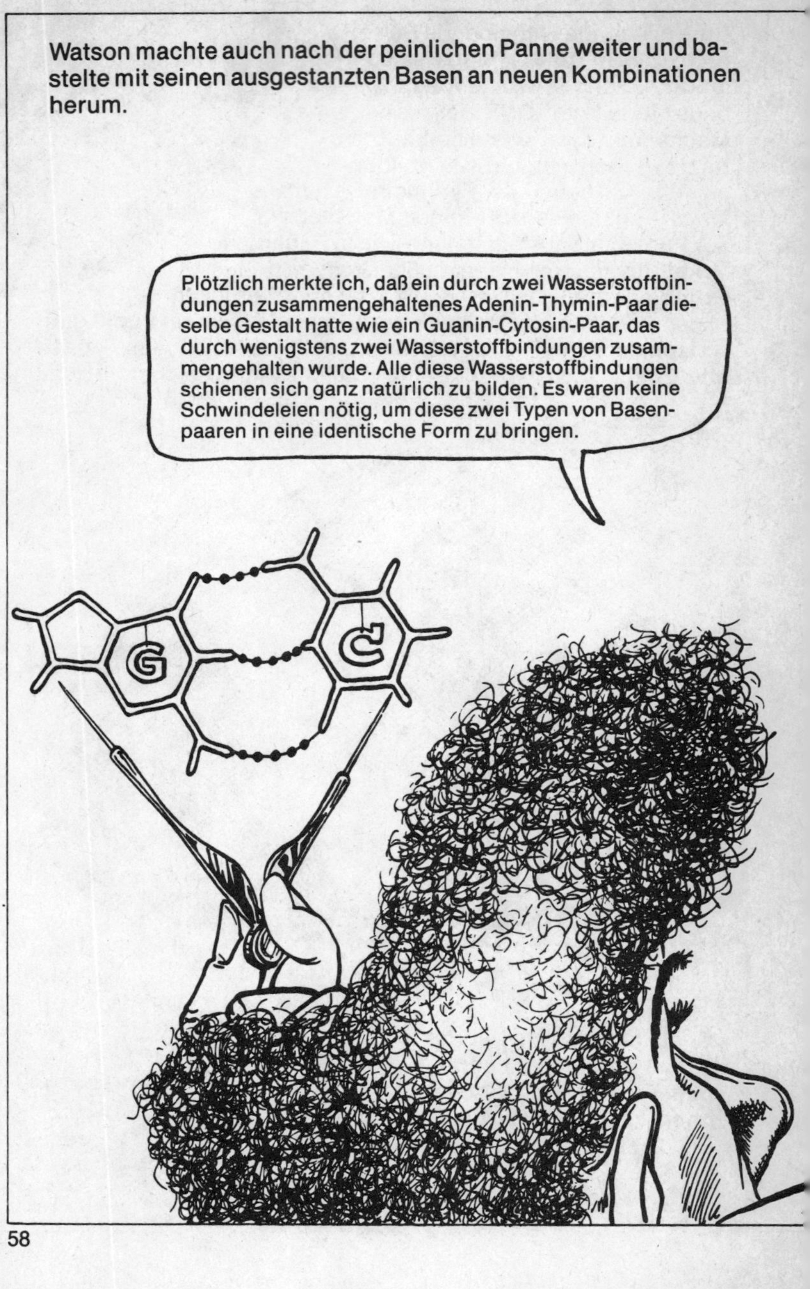
Watson machte auch nach der peinlichen Panne weiter und bastelte mit seinen ausgestanzten Basen an neuen Kombinationen herum.
Plötzlich merkte ich, daß ein durch zwei Wasserstoffbindungen zusammengehaltenes Adenin-Thymin-Paar dieselbe Gestalt hatte wie ein Guanin-Cytosin-Paar, das durch wenigstens zwei Wasserstoffbindungen zusammengehalten wurde. Alle diese Wasserstoffbindungen schienen sich ganz natürlich zu bilden. Es waren keine Schwindeleien nötig, um diese zwei Typen von Basenpaaren in eine identische Form zu bringen.
G
C

Am wichtigsten war, daß die beiden Typen von Basenpaaren dieselbe Größe und Form hatten. So konnte, wenn man diese Paare in die Helix einsetzte, jede mögliche Ordnung von AT's und GC's untergebracht und derselbe regelmäßige äußere Phosphatbaustein beibehalten werden.

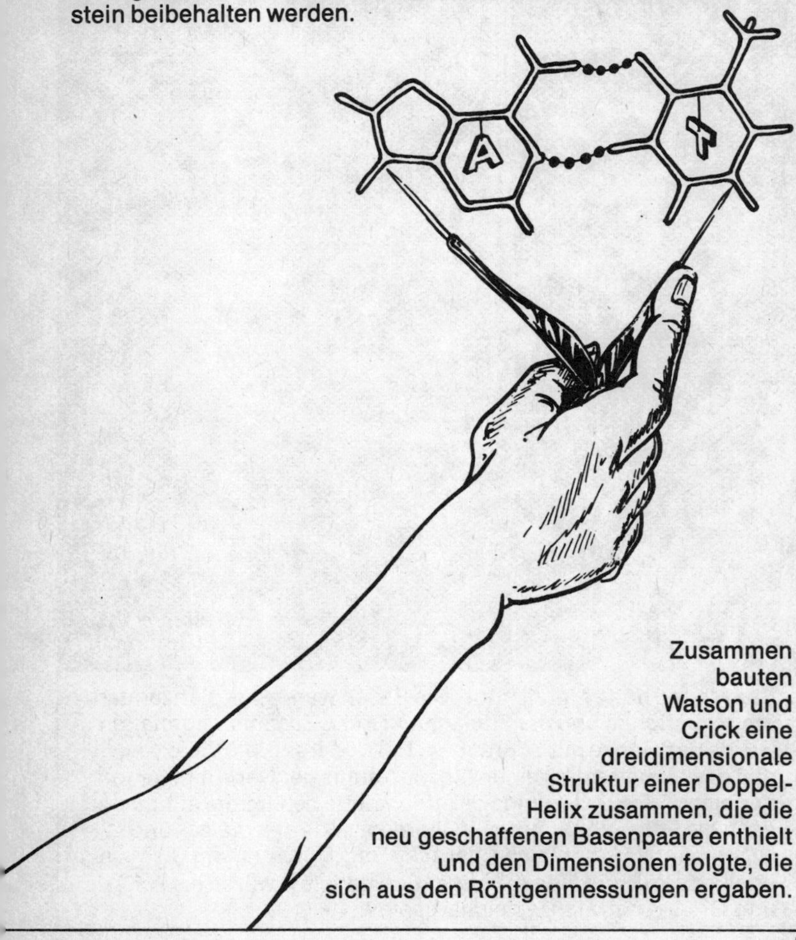

Zusammen bauten Watson und Crick eine dreidimensionale Struktur einer Doppel-Helix zusammen, die die neu geschaffenen Basenpaare enthielt und den Dimensionen folgte, die sich aus den Röntgenmessungen ergaben.

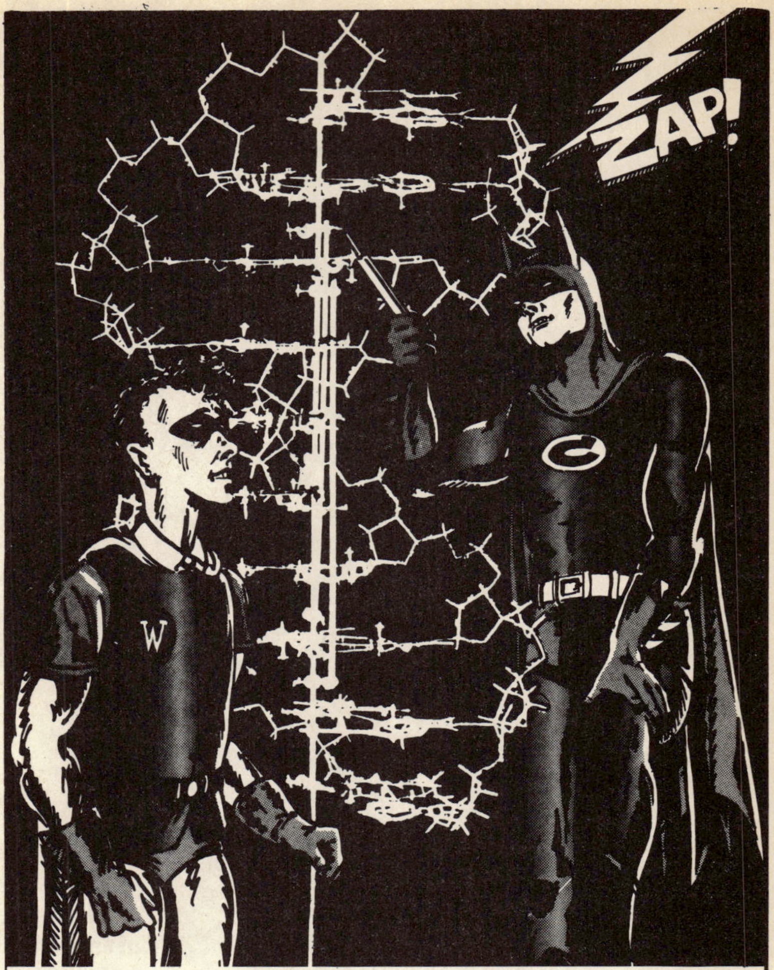

Das Modell hatte Mannshöhe. Die Basen waren aus glänzenden Metallplättchen und der Zucker aus Draht. Zusammengehalten wurde das Ganze mit Schrauben. Besonders verblüffend war, daß das Modell sofort einen Mechanismus der Gen-Replikation nahelegte. Die Basenfolge der einen Kette bestimmte automatisch die Folge der anderen. Außerdem erklärten die AT- und GC-Basenpaare sogleich Chargaffs Regeln. Mit einem C gegenüber jedem G und einem T gegenüber jedem A waren die A = T- und G = C-Äquivalenzen sichergestellt.

Das Modell wurde «Nature» in einem 900-Worte-Manuskript vorgelegt, zusammen mit zwei weiteren Berichten, der eine von Wilkins und der andere von Franklin. Watsons Schwester tippte die endgültige Fassung des historischen Manuskripts ab, das im April 1953 veröffentlicht wurde. Watson war 25 Jahre alt.

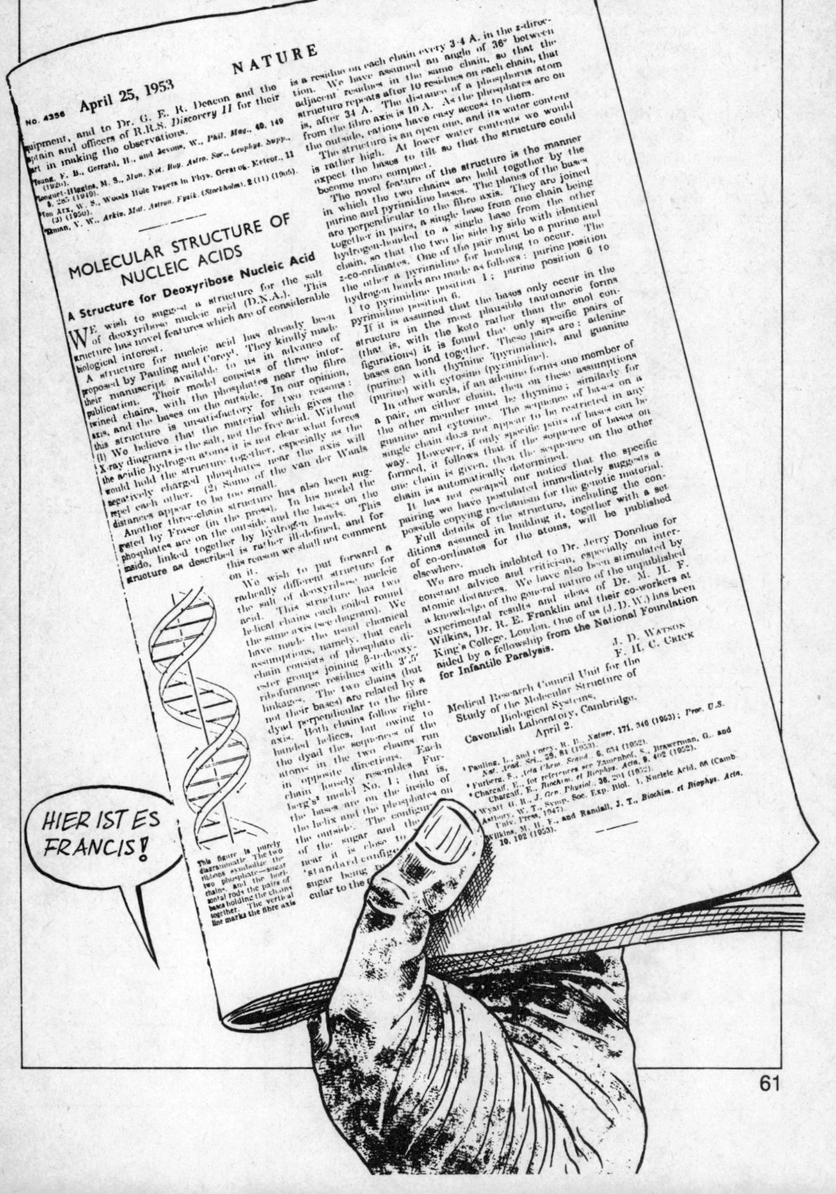

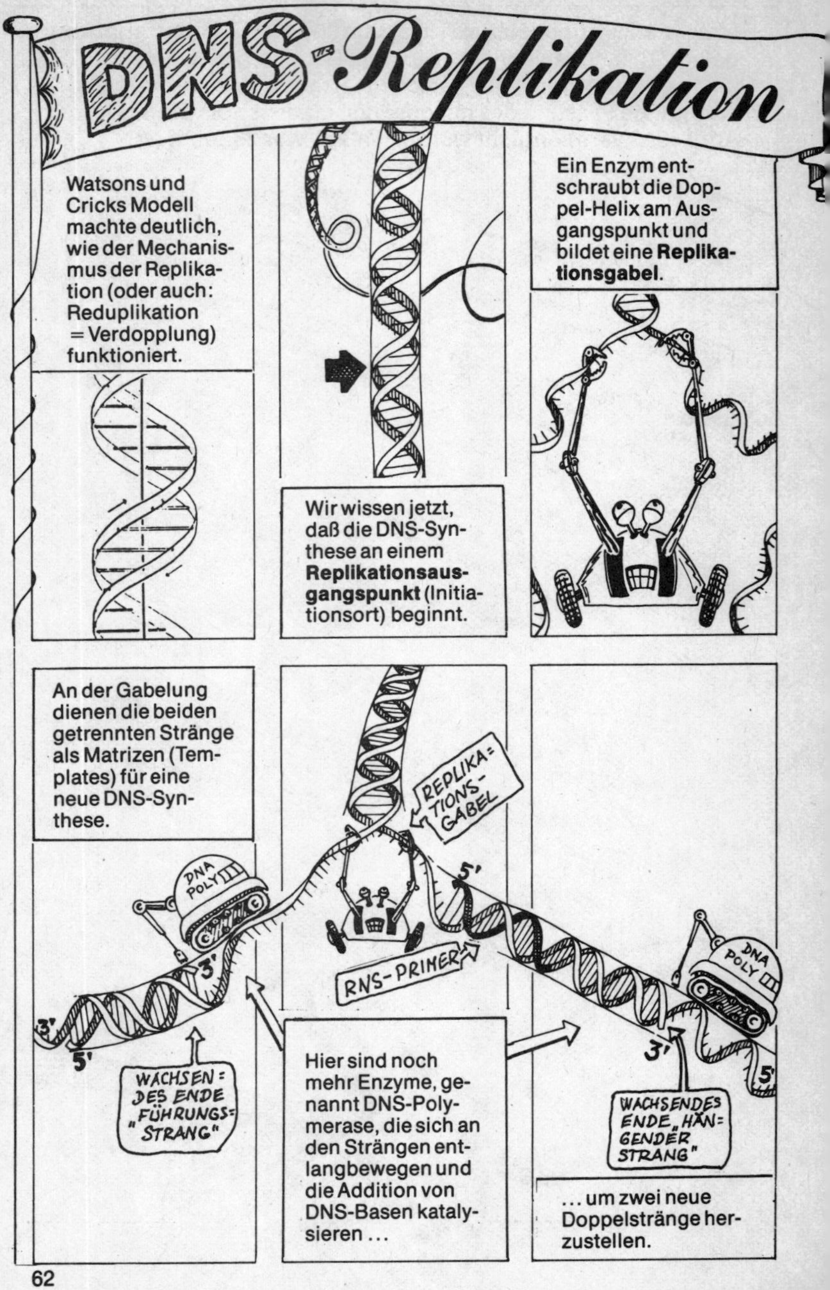
DNS-Replikation
Watsons und Cricks Modell machte deutlich, wie der Mechanismus der Replikation (oder auch: Reduplikation = Verdopplung) funktioniert.
Wir wissen jetzt, daß die DNS-Synthese an einem **Replikationsausgangspunkt** (Initiationsort) beginnt.
Ein Enzym entschraubt die Doppel-Helix am Ausgangspunkt und bildet eine **Replikationsgabel**.
An der Gabelung dienen die beiden getrennten Stränge als Matrizen (Templates) für eine neue DNS-Synthese.
REPLIKATIONS-GABEL
DNA POLY III
3'
5'
RNS-PRIMER
WACHSENDES ENDE „FÜHRUNGS-STRANG"
Hier sind noch mehr Enzyme, genannt DNS-Polymerase, die sich an den Strängen entlangbewegen und die Addition von DNS-Basen katalysieren …
WACHSENDES ENDE „HÄNGENDER STRANG"
… um zwei neue Doppelstränge herzustellen.

Das sich Adenin immer mit Thymin und Cytosin immer mit Guanin (die vier Basen) paart, wird jeder **neue Strang komplementär** zu dem Elternstrang sein, den er als Matrize benutzt, d. h. der neue und der alte Strang ergänzen sich.

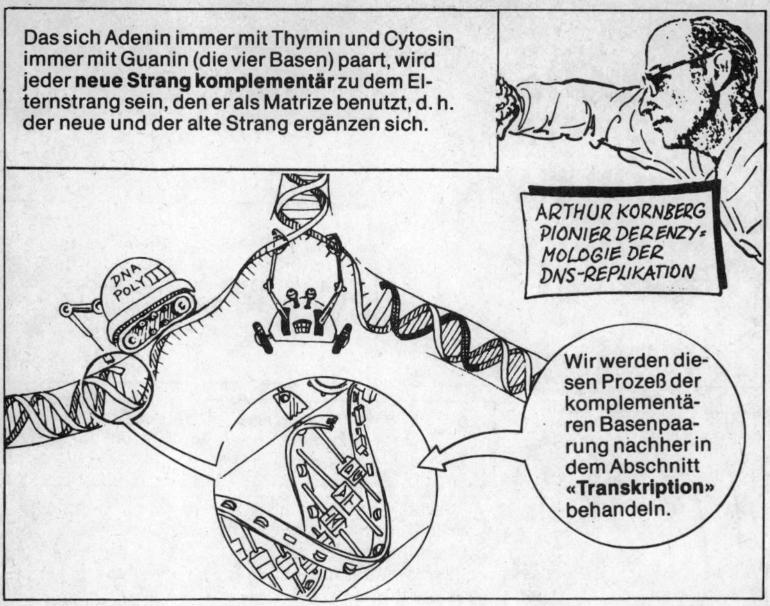

Die Interaktion dieser und vieler anderer Vorgänge in der Nähe der Replikationsgabel führen zur Bildung zweier neuer Doppelspiralen. Jede hat **eine** Kette von dem ursprünglichen DNS-Molekül und eine Kette, die neu gebildet worden ist.

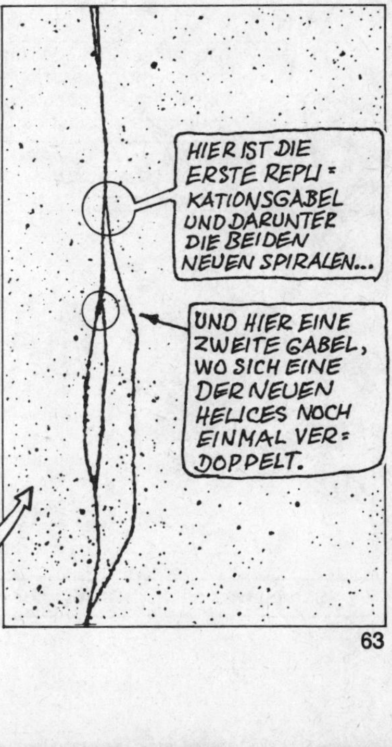

Hier ist eine Skizze, auf der – sehr stark vergrößert – die DNS-Replikation dargestellt ist.

WELCHE INFORMATIONEN SIND IN EINEM GEN GESPEICHERT?
Die Replikation ist ein äußerst komplizierter Vorgang, doch das garantiert die Genauigkeit der genetischen Übertragung und folglich des Lebens selbst!
Wie wir bereits gesehen haben, hatten George Beadle und Edward Tatum vorgeschlagen:
Jedes Gen ist für die Bildung eines bestimmten Enzyms zuständig – oder genauer: eines Proteins.
Der entscheidende Hinweis auf die Komplexität dieser genetischen Information kam von **Fred Sanger,** einem englischen Biochemiker, der die vollständige Aminosäuresequenz des Hormons Insulin bestimmte.
INSULIN IST EIN PROTEIN. PROTEINE SIND LANGE KETTEN VON AMINOSÄUREN. ES GIBT ZWANZIG AMINOSÄUREARTEN.
Sanger wies nach, daß Proteine spezifische Strukturen haben.

Sanger bestimmte die Sequenz des Insulin, indem er es in spezifische kurze Fragmente aufspaltete. Er bediente sich dabei einer Prozedur, die **«fingerprinting»** genannt wird.

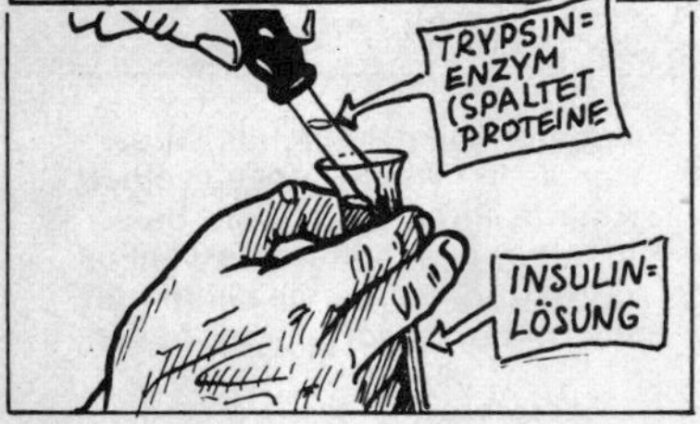

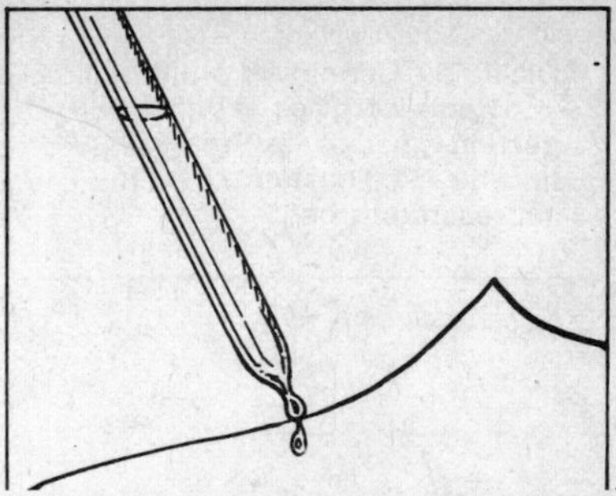

Die Mixtur wird als Fleck auf ein Blatt Filterpapier aufgetragen.

Lösungsmittel wird in die eine Richtung und elektrischer Strom im rechten Winkel dazu durchgeleitet.

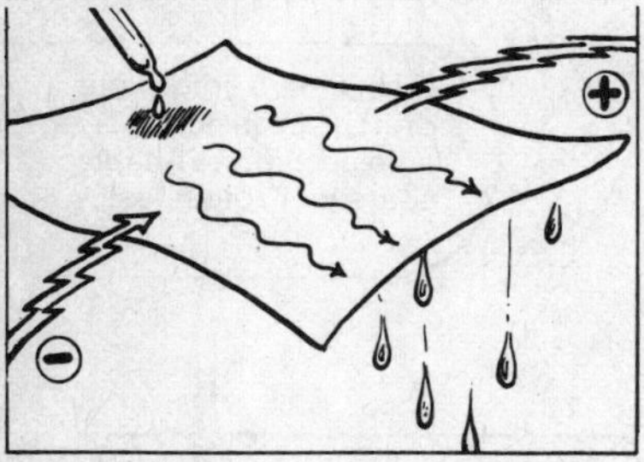

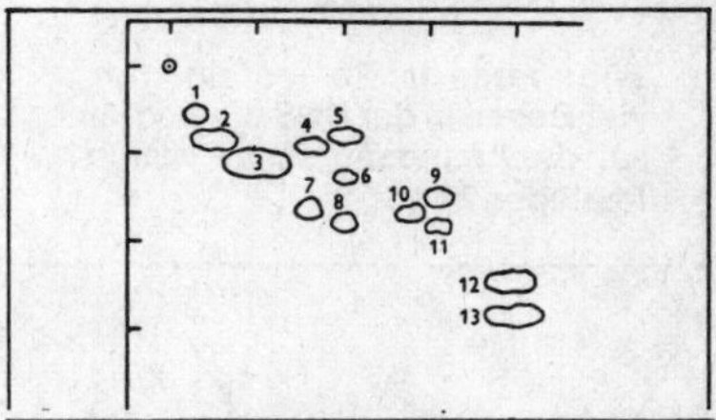

Entsprechend ihrer Löslichkeit und der Stromstärke werden verschiedene Fragmente in verschiedene Positionen auf dem Papier gebracht, wodurch ein deutliches Muster entsteht.

Als Sanger das Papier aus Versehen berührte, bevor die Proteinfragmente sichtbar wurden, erschienen Flecken, die durch Protein von seinen Fingerspitzen verursacht wurden ...

Und darum nannte er die Muster «fingerprints» (Fingerabdrücke).

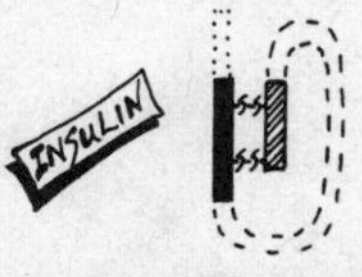

Außerdem erwiesen sich die Muster, wie Fingerabdrücke, als unterschiedlich für jedes Protein; außerdem waren sie leicht wiederholbar. Sanger folgerte nun, daß Insulin eine spezifische Struktur hat. Als nächstes fügte er die kurzen Sequenzen wieder zu längeren zusammen und deduzierte die vollständige Struktur des Insulins.

Die für die Genetik verblüffende, von Sanger gezogene Schlußfolgerung war, daß das Protein Insulin eine exakt bestimmte Aminosäuresequenz hat.
GEBRAUCHS ANWEISUNG
Folglich war der Mechanismus, der die Anordnung der einzelnen Aminosäuren des Insulins bestimmte, alles andere als wahllos, und es müssen genau definierte Instruktionen vorgelegen haben.
Wie konnte die Reihenfolge von vier Basen in der DNS die Sequenzen der Aminosäuren im Protein festlegen?
Eine lineare Folge von drei Basen in der DNS legt eine bestimmte Aminosäure im Protein fest.
Es gibt 4 × 4 × 4 (das ist 64!) mögliche Tripletts (Dreiergruppen), mehr als genug für die 20 Aminosäuren, die im Protein zu finden sind. (Ein Triplett, das eine Aminosäure festlegt, nennt man übrigens **Codon**.)

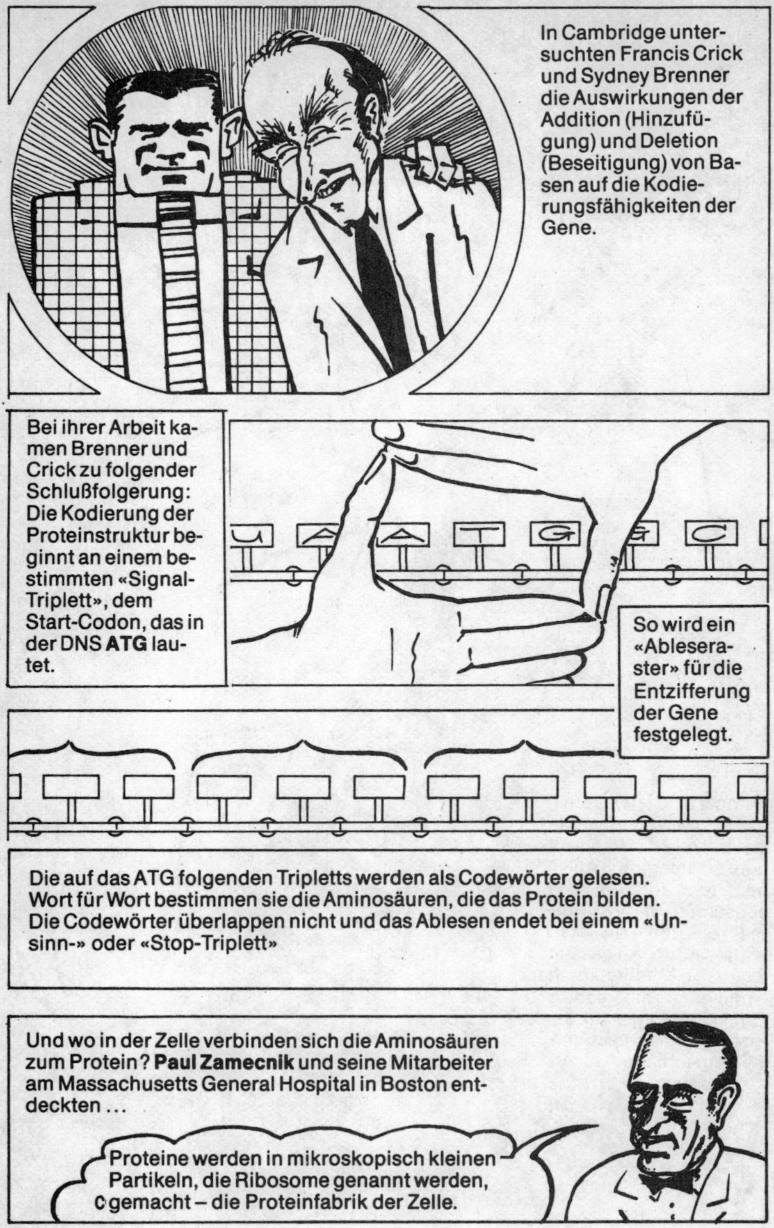
In Cambridge untersuchten Francis Crick und Sydney Brenner die Auswirkungen der Addition (Hinzufügung) und Deletion (Beseitigung) von Basen auf die Kodierungsfähigkeiten der Gene.
Bei ihrer Arbeit kamen Brenner und Crick zu folgender Schlußfolgerung: Die Kodierung der Proteinstruktur beginnt an einem bestimmten «Signal-Triplett», dem Start-Codon, das in der DNS **ATG** lautet.
U A A T G G C
So wird ein «Ableseraster» für die Entzifferung der Gene festgelegt.
Die auf das ATG folgenden Tripletts werden als Codewörter gelesen. Wort für Wort bestimmen sie die Aminosäuren, die das Protein bilden. Die Codewörter überlappen nicht und das Ablesen endet bei einem «Unsinn-» oder «Stop-Triplett»
Und wo in der Zelle verbinden sich die Aminosäuren zum Protein? **Paul Zamecnik** und seine Mitarbeiter am Massachusetts General Hospital in Boston entdeckten …
Proteine werden in mikroskopisch kleinen Partikeln, die Ribosome genannt werden, gemacht – die Proteinfabrik der Zelle.

Francis Crick hatte ein ganzes Gewitter von Geistesblitzen!!! Damals bildete er zusammen mit neunzehn anderen Wissenschaftlern den ungemein elitären **RNS-Krawatten-Club**. An dessen exklusive Mitgliederschar – und nur an sie – sandte Crick mimeographierte Kopien seiner geistigen Blitzeinschläge:

DIE ADAPTOR-HYPOTHESE

Cricks Adaptor-Hypothese drehte sich um das Problem, wie der Code, der in der DNS-Doppel-Helix gespeichert ist, in das Protein übertragen wird.

Der Code in der DNS ist **linear**. Seine Reihenfolge von Basen ist wie eine Kette mit Perlen.

Jede Gruppe von drei Basen in der DNS enthält den Code für **eine** Aminosäure.

Ein Protein besteht aus einer Kette von Aminosäuren (von denen es zwanzig verschiedene Arten gibt.)

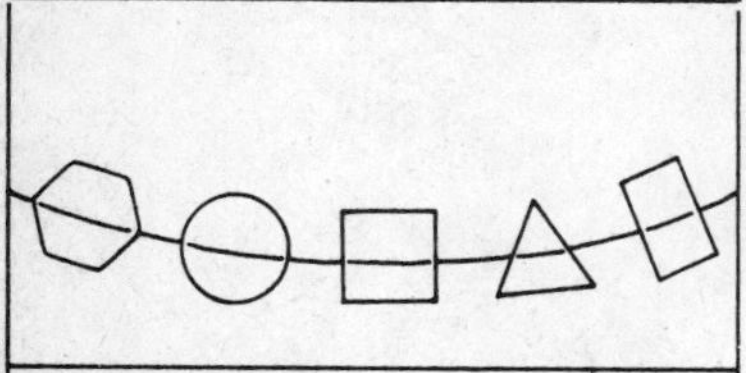

Die Aminosäuren in einem Protein haben dieselbe Reihenfolge wie ihre Codes in der DNS.

Es sollte nicht lange dauern, bis Wissenschaftler die Adaptoren entdeckten, deren Existenz Crick vorausgesagt hatte. Sie bestanden aus RNS und **übersetzten** den genetischen Code (der in einem Molekül gespeichert war, der **messenger-RNS** [m-RNS] genannt wurde) in den **Ribosomen**. Die Ribosomen waren das Fließband für die Produktion von Proteinen.

Geldrollenstruktur ...

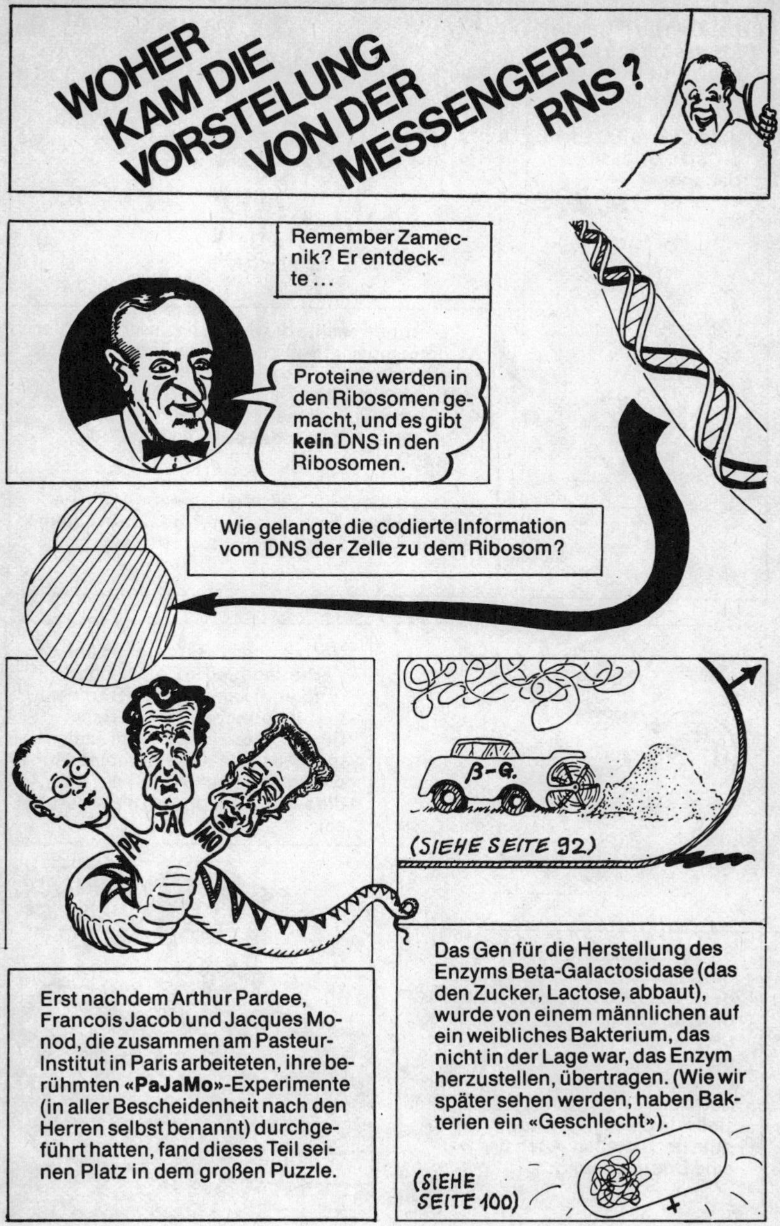
WOHER KAM DIE VORSTELUNG VON DER MESSENGER-RNS?
Remember Zamecnik? Er entdeckte…
Proteine werden in den Ribosomen gemacht, und es gibt **kein** DNS in den Ribosomen.
Wie gelangte die codierte Information vom DNS der Zelle zu dem Ribosom?
PA
JA
MO
β-G.
(SIEHE SEITE 92)
Erst nachdem Arthur Pardee, Francois Jacob und Jacques Monod, die zusammen am Pasteur-Institut in Paris arbeiteten, ihre berühmten «**PaJaMo**»-Experimente (in aller Bescheidenheit nach den Herren selbst benannt) durchgeführt hatten, fand dieses Teil seinen Platz in dem großen Puzzle.
Das Gen für die Herstellung des Enzyms Beta-Galactosidase (das den Zucker, Lactose, abbaut), wurde von einem männlichen auf ein weibliches Bakterium, das nicht in der Lage war, das Enzym herzustellen, übertragen. (Wie wir später sehen werden, haben Bakterien ein «Geschlecht»).
(SIEHE SEITE 100)

Das Gen für β-Galactosidase drang nicht eher in die weibliche Bakterie ein, als diese mit der Produktion des Enzyms β-Galactosidase begann.

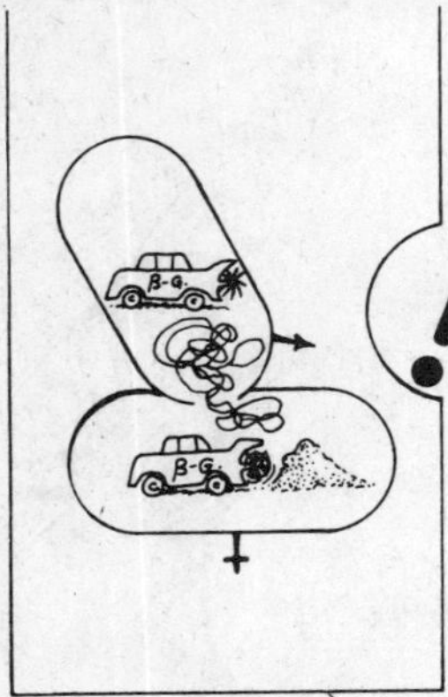

Das überraschte die meisten Wissenschaftler, denn man hatte allgemein angenommen, daß sich **stabile** Zellstrukturen bilden und vermehren müßten, bevor ein Gen aktiv werden konnte (bevor eine Zelle das Protein produzieren konnte, für das das Gen den Code trägt).

Das bedeutete, daß es eine Verzögerung geben mußte, bevor die Gen-Produkte in einem Bakterium auftauchten.

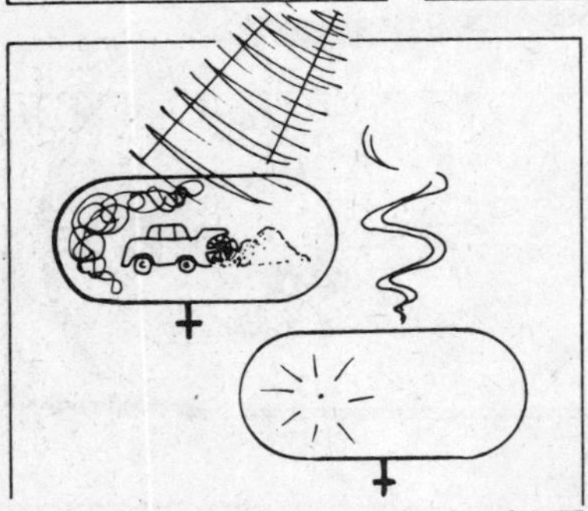

Es wurden weitere Experimente durchgeführt, bei denen ein eingeschleustes Gen (DNS) durch radioaktive Strahlung (eine Technik, die hier nicht näher erklärt zu werden braucht) zerstört wurde. Sobald das Gen zerstört worden war, hörte das Bakterium auf, das spezielle, in diesem Gen kodierte Produkt herzustellen. Auch das war eine Überraschung.

Nach langen Diskussionen am Karfreitag 1960 in Cambridge (England) kamen Crick, Brenner und Jacob schließlich zu dem Schluß, diese Experimente zeigten, daß die Matrize (Template) für die Proteinsynthese (an die sich die t-RNS ankoppelte) **nicht stabil** sei.

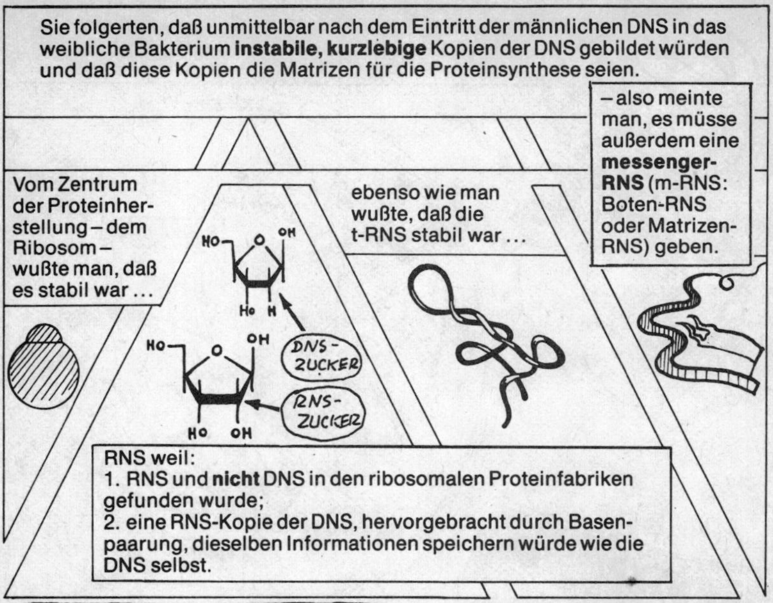
Sie folgerten, daß unmittelbar nach dem Eintritt der männlichen DNS in das weibliche Bakterium **instabile, kurzlebige** Kopien der DNS gebildet würden und daß diese Kopien die Matrizen für die Proteinsynthese seien.
Vom Zentrum der Proteinherstellung – dem Ribosom – wußte man, daß es stabil war …
ebenso wie man wußte, daß die t-RNS stabil war …
– also meinte man, es müsse außerdem eine **messenger-RNS** (m-RNS: Boten-RNS oder Matrizen-RNS) geben.
HO
O
OH
Ho
H
DNS-ZUCKER
HO
O
OH
HO
OH
RNS-ZUCKER
RNS weil:
1. RNS und **nicht** DNS in den ribosomalen Proteinfabriken gefunden wurde;
2. eine RNS-Kopie der DNS, hervorgebracht durch Basenpaarung, dieselben Informationen speichern würde wie die DNS selbst.

Und nun macht euch bereit für einen Kraftakt sondergleichen. Denn was superkluge Köpfe in Jahrzehnten ausgetüftelt haben, sollt ihr auf ein paar Seiten kapieren …
Ich erzähle euch die Story, die die Grundlage der modernen Genetik bildet; die Geschichte vom Ursprung allen Lebens und von der Fähigkeit der Lebewesen, sich fortzupflanzen.
Zunächst betrachten wir uns einmal, wie so ein Gen durch Transkription und Translation (Umschreibung und Übersetzung) große Dinge in Bewegung setzt:

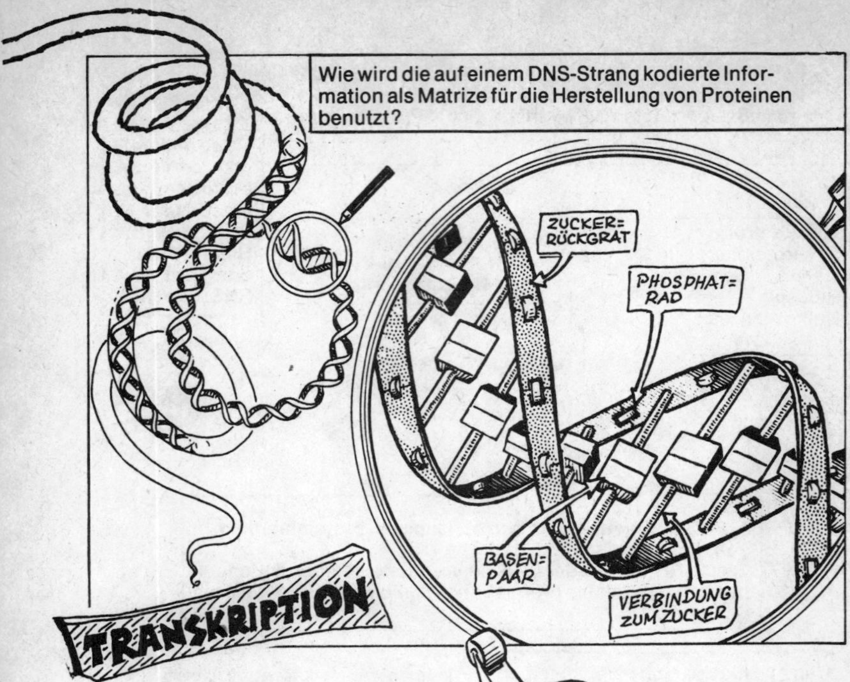

Das ist die RNS-Polymerase, die wir uns als mobiles Lesegerät vorstellen können.

Dieser Ableser ist der entscheidende Apparat beim Transkriptionsvorgang (wenn der DNS-Code auf die messenger-RNS umgeschrieben wird).

In der Tat, er ist so entscheidend, daß der Fahrer sofort alles stehen und liegen lassen muß, wenn ein Gen oder zwei transkribiert werden wollen. (Trotzdem nur keine unnötige Hektik!)

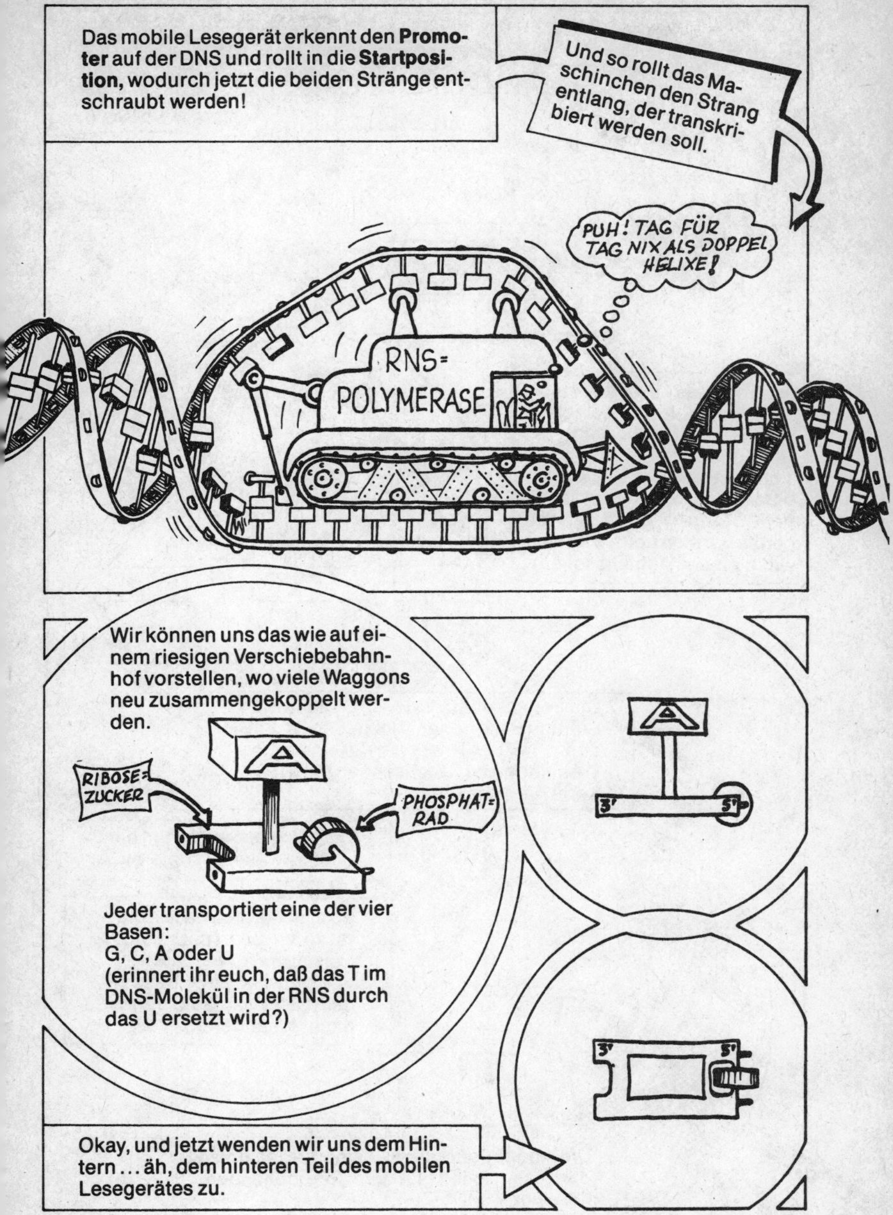
Das mobile Lesegerät erkennt den **Promoter** auf der DNS und rollt in die **Startposition,** wodurch jetzt die beiden Stränge entschraubt werden!
Und so rollt das Maschinchen den Strang entlang, der transkribiert werden soll.
PUH! TAG FÜR TAG NIX ALS DOPPEL HELIXE!
RNS=
POLYMERASE
Wir können uns das wie auf einem riesigen Verschiebebahnhof vorstellen, wo viele Waggons neu zusammengekoppelt werden.
A
RIBOSE=ZUCKER
PHOSPHAT=RAD
Jeder transportiert eine der vier Basen:
G, C, A oder U
(erinnert ihr euch, daß das T im DNS-Molekül in der RNS durch das U ersetzt wird?)
A
3'
5'
3'
5'
Okay, und jetzt wenden wir uns dem Hintern … äh, dem hinteren Teil des mobilen Lesegerätes zu.

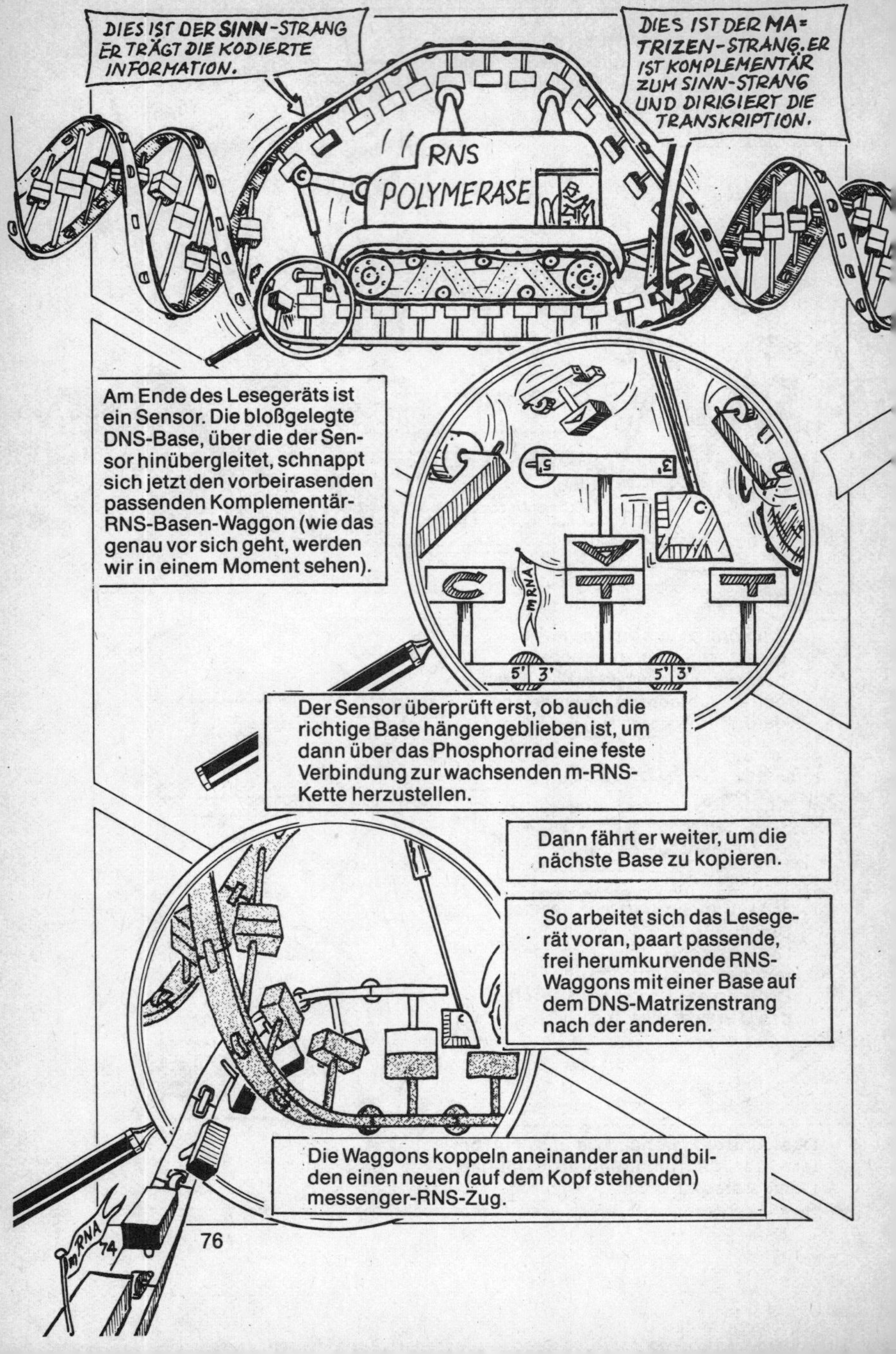
DIES IST DER SINN-STRANG ER TRÄGT DIE KODIERTE INFORMATION.
DIES IST DER MATRIZEN-STRANG. ER IST KOMPLEMENTÄR ZUM SINN-STRANG UND DIRIGIERT DIE TRANSKRIPTION.
RNS POLYMERASE
Am Ende des Lesegeräts ist ein Sensor. Die bloßgelegte DNS-Base, über die der Sensor hinübergleitet, schnappt sich jetzt den vorbeirasenden passenden Komplementär-RNS-Basen-Waggon (wie das genau vor sich geht, werden wir in einem Moment sehen).
5'
3'
C
mRNA
C
T
T
5' 3'
5' 3'
Der Sensor überprüft erst, ob auch die richtige Base hängengeblieben ist, um dann über das Phosphorrad eine feste Verbindung zur wachsenden m-RNS-Kette herzustellen.
Dann fährt er weiter, um die nächste Base zu kopieren.
So arbeitet sich das Lesegerät voran, paart passende, frei herumkurvende RNS-Waggons mit einer Base auf dem DNS-Matrizenstrang nach der anderen.
C
Die Waggons koppeln aneinander an und bilden einen neuen (auf dem Kopf stehenden) messenger-RNS-Zug.
mRNA

Betrachten wir jetzt mal jene Basen genauer, die von den Waggons befördert werden und sehen uns an, wie sie sich mit ihren komplementären Basen paaren.

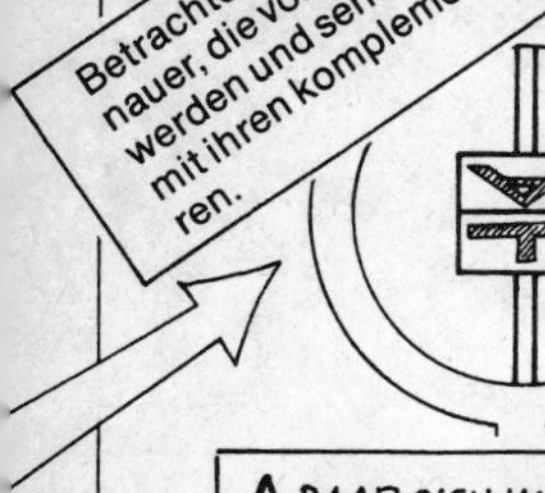

Hier also sind die kleinen Dinger, wie sie sich in der DNS paaren; deutlich erkennbar sind die Wasserstoffbrücken, die die Basen zusammenhalten.

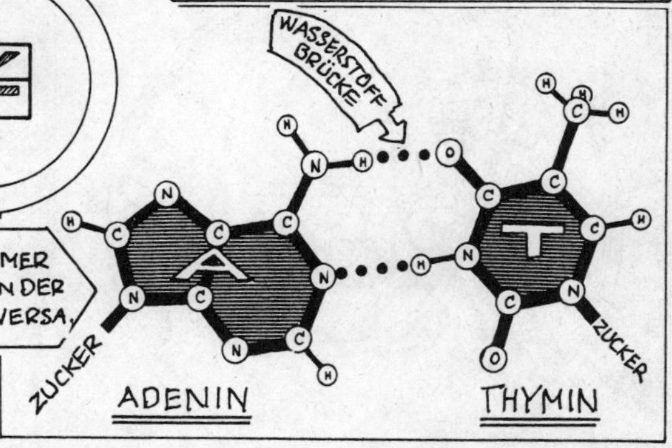

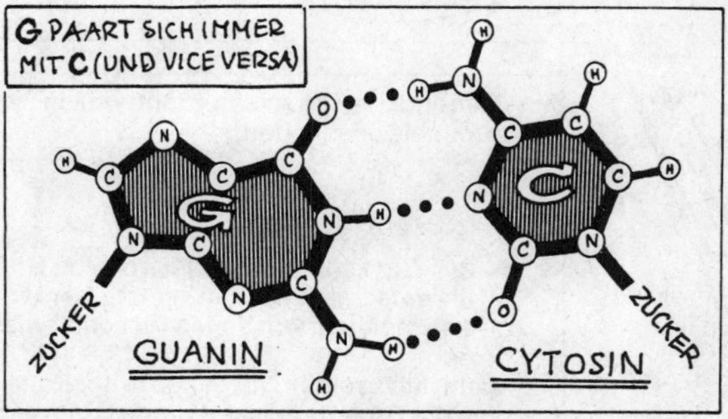

Während der Transkription paaren sich die ankommenden RNS-Waggons exakt mit dem DNS-Matrizenstrang. Da diese Kopie komplementär zur Matrize ist, hat sie dieselbe Basensequenz wie der DNS-Sinnstrang und enthält deshalb die kodierte genetische Information.

Das hier ist die Struktur der DNS
r = Ribosezucker
p = Phosphat

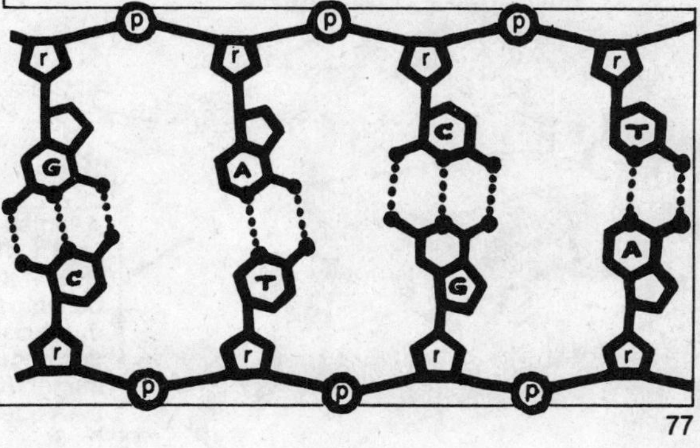

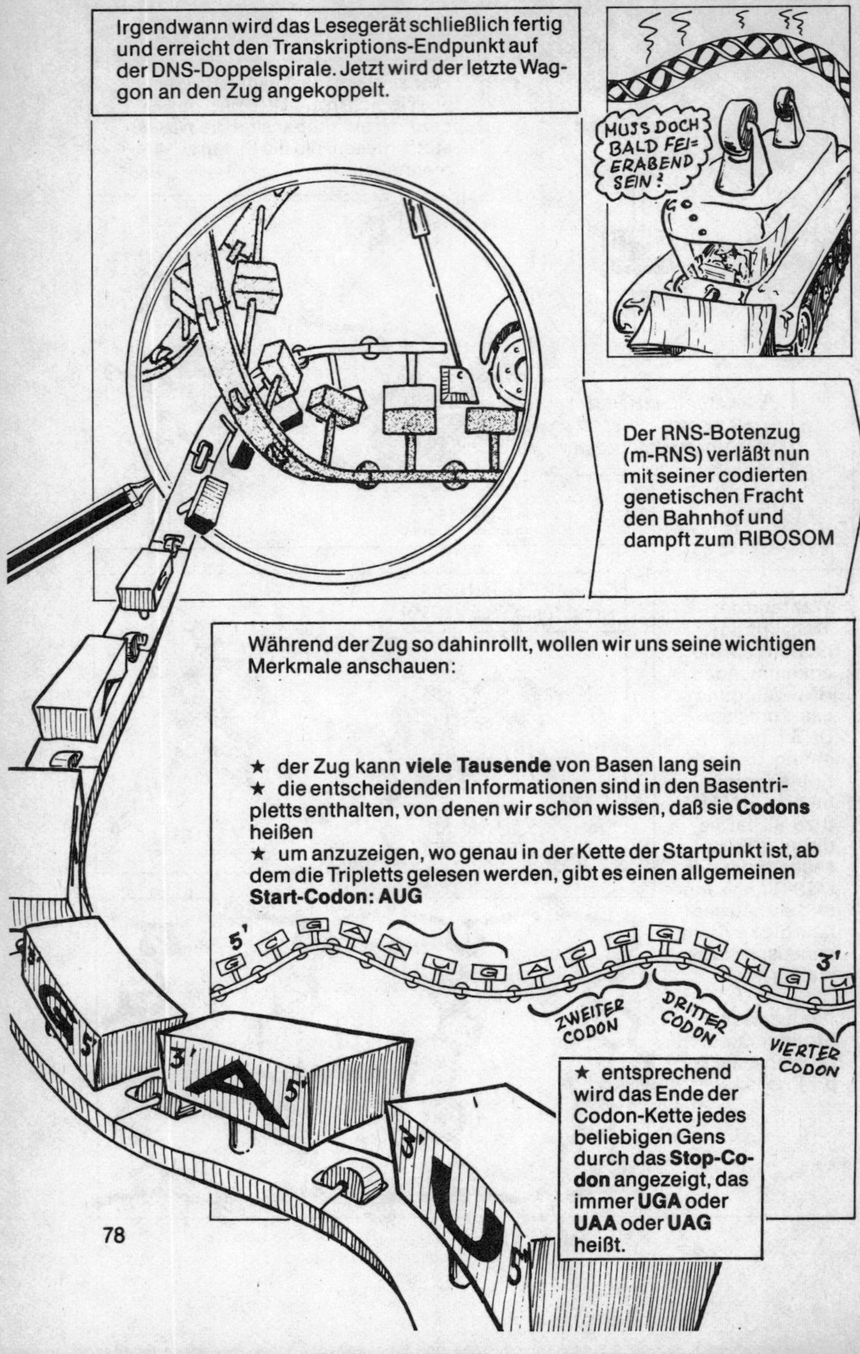
Irgendwann wird das Lesegerät schließlich fertig und erreicht den Transkriptions-Endpunkt auf der DNS-Doppelspirale. Jetzt wird der letzte Waggon an den Zug angekoppelt.
MUSS DOCH BALD FEIERABEND SEIN?
Der RNS-Botenzug (m-RNS) verläßt nun mit seiner codierten genetischen Fracht den Bahnhof und dampft zum RIBOSOM
Während der Zug so dahinrollt, wollen wir uns seine wichtigen Merkmale anschauen:
★ der Zug kann **viele Tausende** von Basen lang sein
★ die entscheidenden Informationen sind in den Basentripletts enthalten, von denen wir schon wissen, daß sie **Codons** heißen
★ um anzuzeigen, wo genau in der Kette der Startpunkt ist, ab dem die Tripletts gelesen werden, gibt es einen allgemeinen **Start-Codon: AUG**
5'
G C G A A U G A C C G U U G U
3'
ZWEITER CODON
DRITTER CODON
VIERTER CODON
★ entsprechend wird das Ende der Codon-Kette jedes beliebigen Gens durch das **Stop-Codon** angezeigt, das immer **UGA** oder **UAA** oder **UAG** heißt.
3' G 5'
3' A 5'
3' U 5'

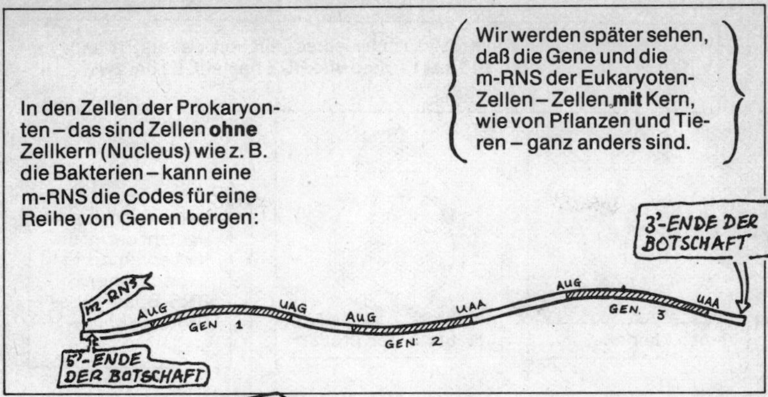
In den Zellen der Prokaryonten – das sind Zellen **ohne** Zellkern (Nucleus) wie z. B. die Bakterien – kann eine m-RNS die Codes für eine Reihe von Genen bergen:
Wir werden später sehen, daß die Gene und die m-RNS der Eukaryoten-Zellen – Zellen **mit** Kern, wie von Pflanzen und Tieren – ganz anders sind.
3'-ENDE DER BOTSCHAFT
M-RNS
AUG
GEN 1
UAG
AUG
GEN 2
UAA
AUG
GEN. 3
UAA
5'-ENDE DER BOTSCHAFT

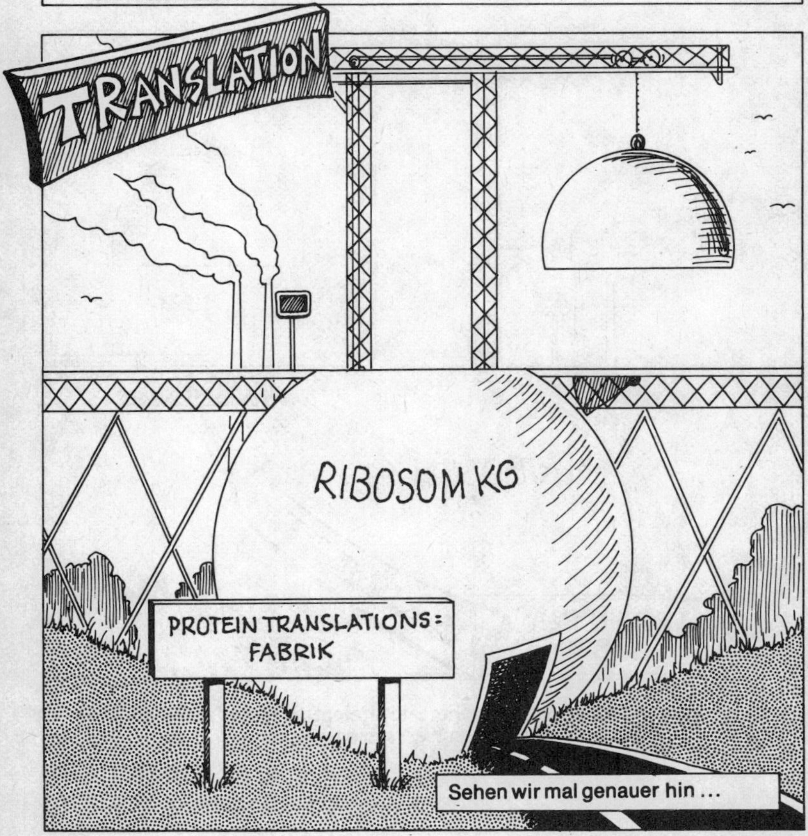
TRANSLATION
RIBOSOM KG
PROTEIN TRANSLATIONS=FABRIK
Sehen wir mal genauer hin ...

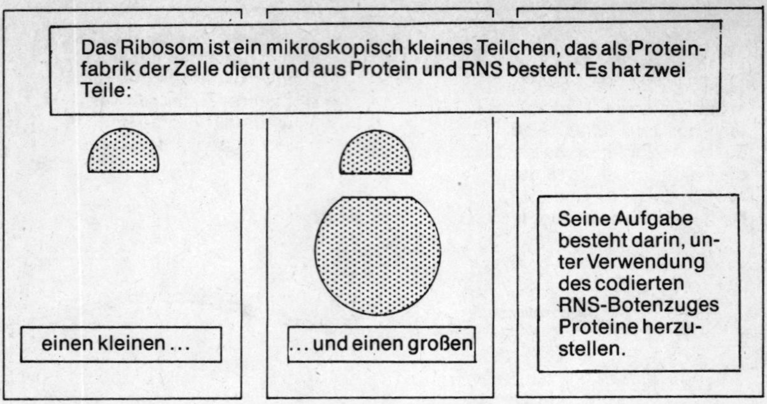

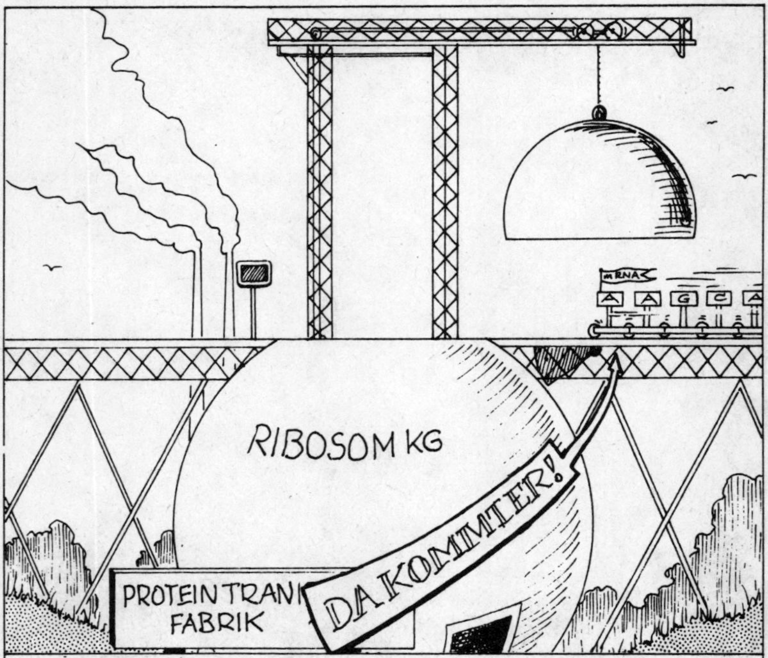

Der Zug fährt mit dem 5'-Ende voran und erreicht die Fabrik auf einer Strecke, die zwischen den beiden Werksteilen verläuft.

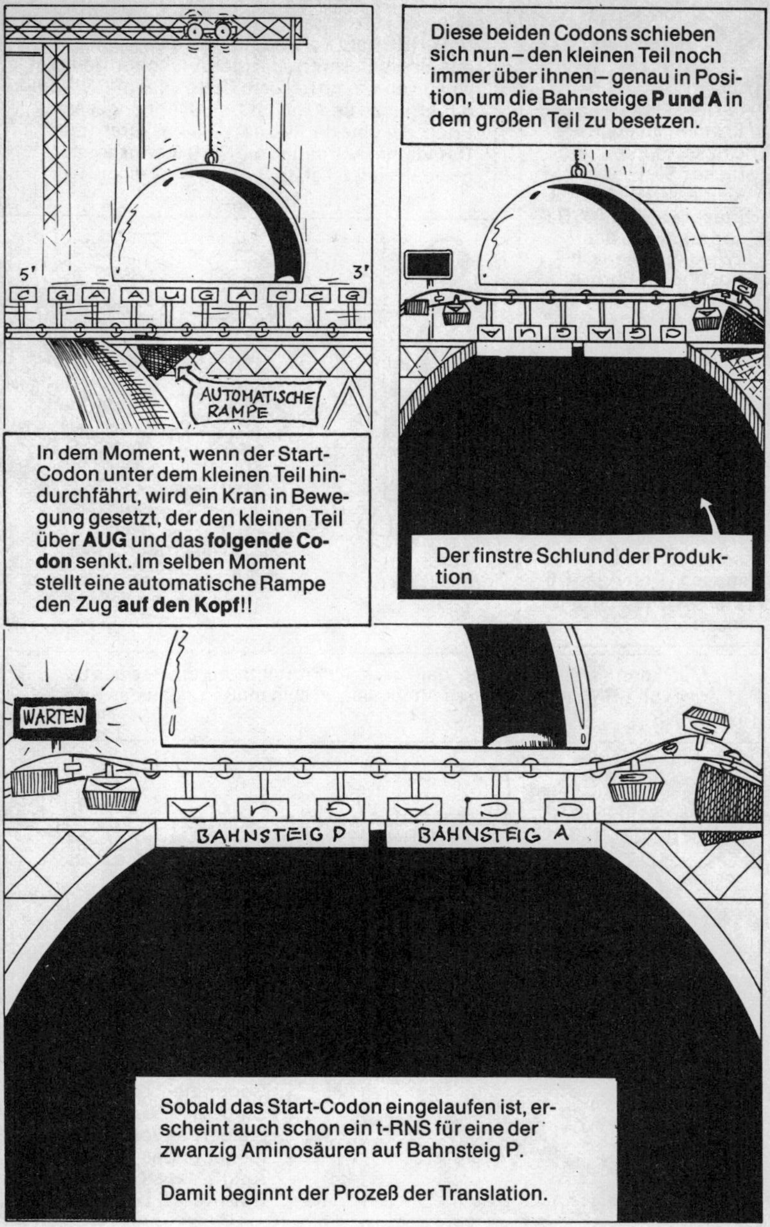
5'
3'
C G A A U G A C C G
AUTOMATISCHE RAMPE
In dem Moment, wenn der Start-Codon unter dem kleinen Teil hindurchfährt, wird ein Kran in Bewegung gesetzt, der den kleinen Teil über **AUG** und das **folgende Codon** senkt. Im selben Moment stellt eine automatische Rampe den Zug **auf den Kopf**!!
Diese beiden Codons schieben sich nun – den kleinen Teil noch immer über ihnen – genau in Position, um die Bahnsteige **P und A** in dem großen Teil zu besetzen.
Der finstre Schlund der Produktion
WARTEN
BAHNSTEIG P
BAHNSTEIG A
Sobald das Start-Codon eingelaufen ist, erscheint auch schon ein t-RNS für eine der zwanzig Aminosäuren auf Bahnsteig P.
Damit beginnt der Prozeß der Translation.

Erinnert ihr euch an Cricks Adaptorhypothese? Sie wies auf ein kleines RNS-Molekül (nur etwa 70 bis 90 Basen lang) hin, das zweidimensional betrachtet die Form eines Kleeblattes hatte. Es wird transfer-RNS (t-RNS) genannt, weil seine Aufgabe darin besteht, freie Aminosäuren zu einer wachsenden Proteinkette zu transferieren, d. h. zu überführen. Ohne diesen Taxidienst gäb's uns übrigens alle nicht – und wer sollte dann diese famosen «Anfänger-Bücher» schreiben und lesen?

Die t-RNS hat zwei Hauptteile: einen Kopf, der aus einem Basentriplett (das Anticodon genannt wird, weil es sich mit dem Codon des m-RNS-Zuges ergänzt) besteht; und einen Anhänger am Ende, der eine der zwanzig Aminosäuren (die **Bausteine,** aus denen die Proteine zusammengesetzt sind) trägt.

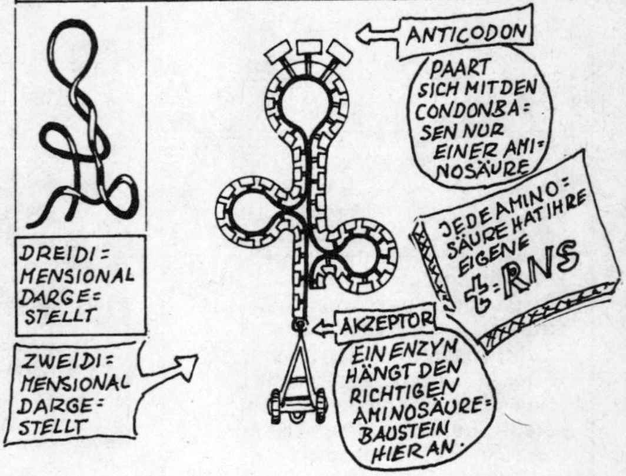

Man kann sich ja vorstellen, daß unter der Proteinfabrik ein riesiges Lager von t-RNS mitsamt ihren Aminosäuren sein muß – und in der Tat ... t-RNS

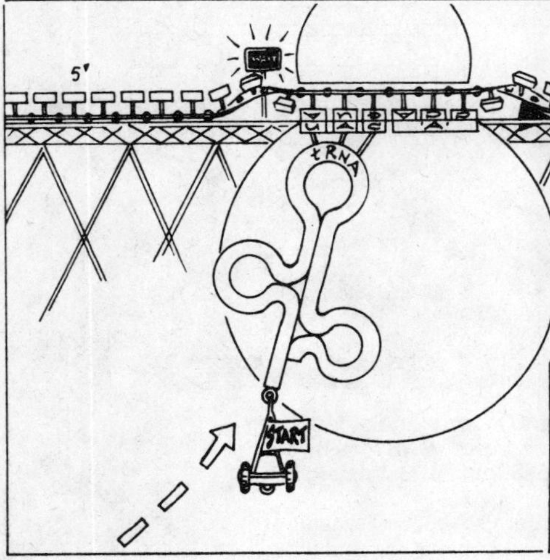

Das umgedrehte Start-Codon zieht das passende Anticodon an (wieder ein Fall von komplementärer Basenpaarung!), das sich auf der **Start-t-RNS** befindet.

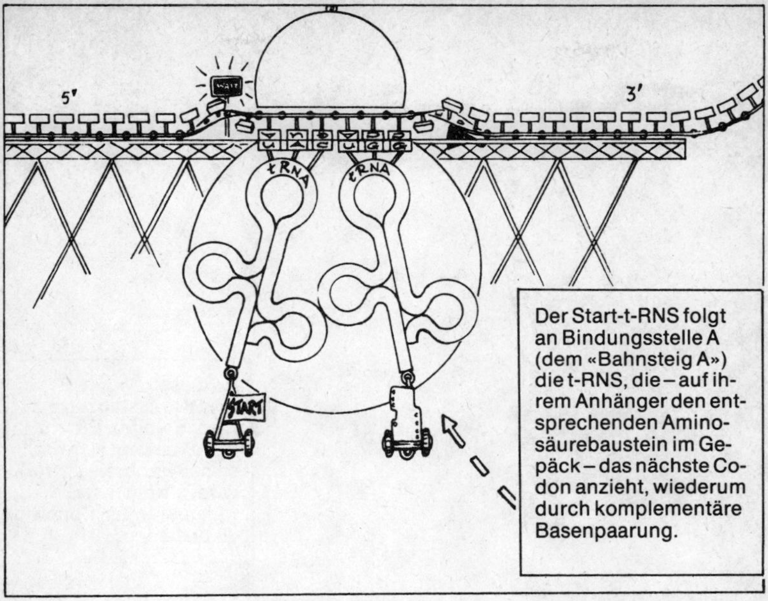

Der Start-t-RNS folgt an Bindungsstelle A (dem «Bahnsteig A») die t-RNS, die – auf ihrem Anhänger den entsprechenden Aminosäurebaustein im Gepäck – das nächste Codon anzieht, wiederum durch komplementäre Basenpaarung.

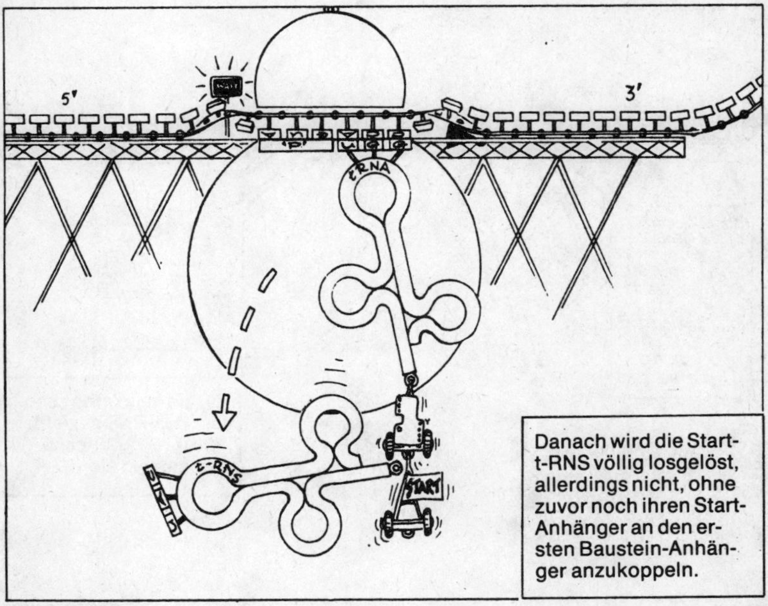

Danach wird die Start-t-RNS völlig losgelöst, allerdings nicht, ohne zuvor noch ihren Start-Anhänger an den ersten Baustein-Anhänger anzukoppeln.

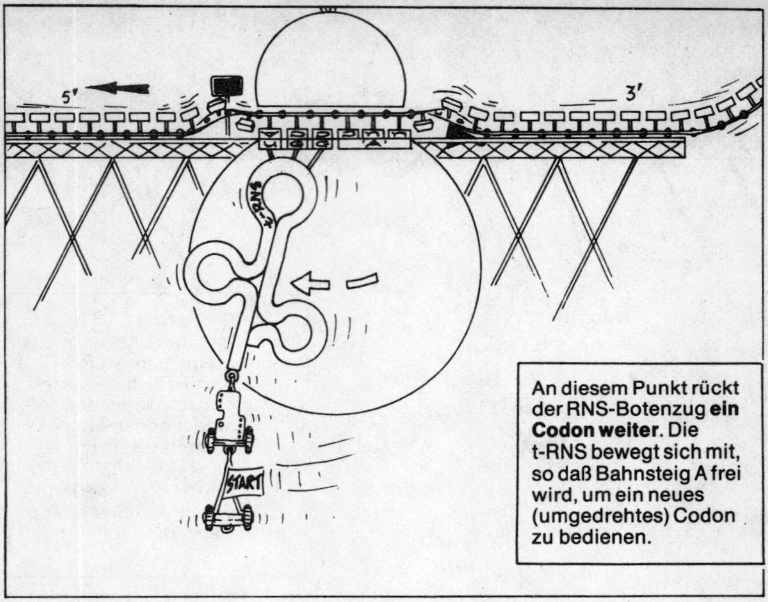
5'
3'
t-RNS
START
An diesem Punkt rückt der RNS-Botenzug **ein Codon weiter**. Die t-RNS bewegt sich mit, so daß Bahnsteig A frei wird, um ein neues (umgedrehtes) Codon zu bedienen.

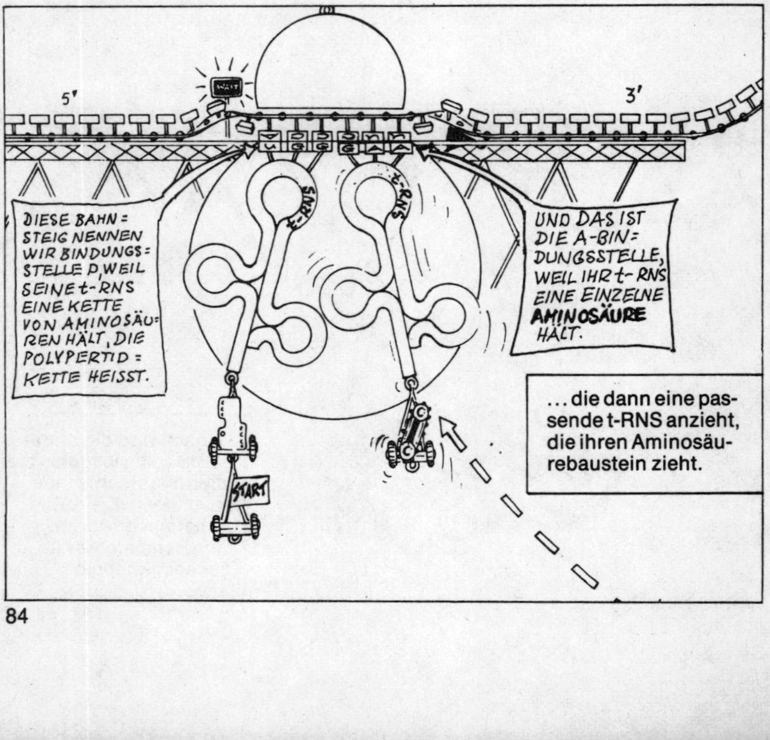
5'
3'
t-RNS
t-RNS
DIESE BAHN= STEIG NENNEN WIR BINDUNGS= STELLE P, WEIL SEINE t-RNS EINE KETTE VON AMINOSÄU= REN HÄLT, DIE POLYPERTID= KETTE HEISST.
UND DAS IST DIE A-BIN= DUNGSSTELLE, WEIL IHR t-RNS EINE EINZELNE **AMINOSÄURE** HÄLT.
START
... die dann eine passende t-RNS anzieht, die ihren Aminosäurebaustein zieht.

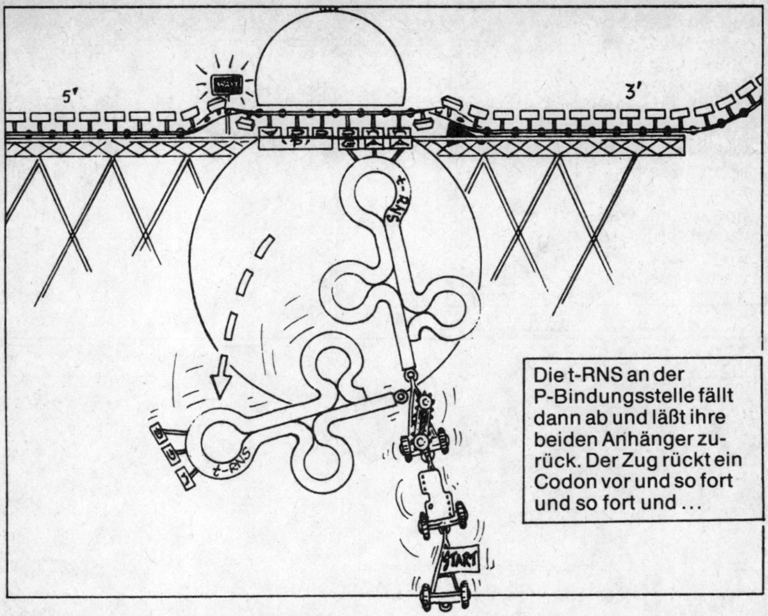
5'
3'
t-RNS
t-RNS
START
Die t-RNS an der P-Bindungsstelle fällt dann ab und läßt ihre beiden Anhänger zurück. Der Zug rückt ein Codon vor und so fort und so fort und …

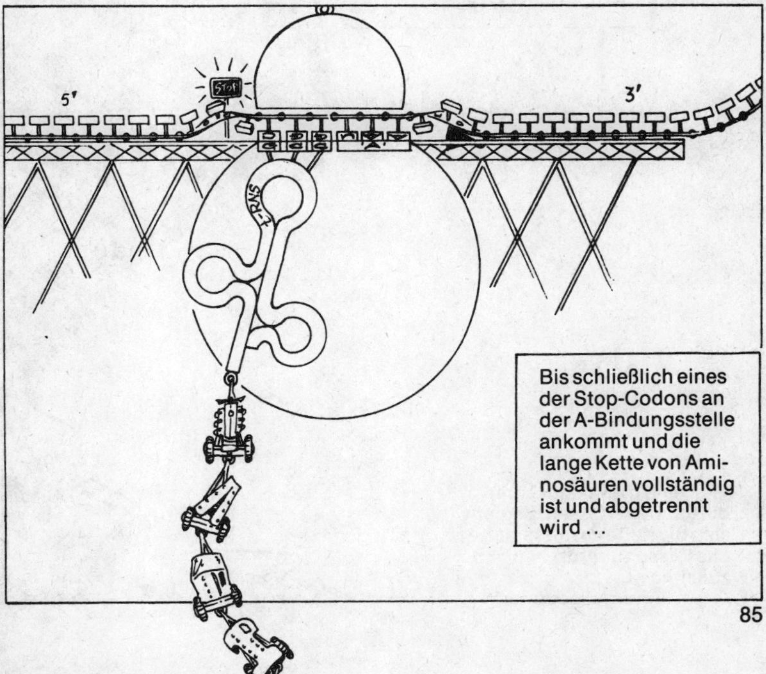
5'
3'
STOP
t-RNS
Bis schließlich eines der Stop-Codons an der A-Bindungsstelle ankommt und die lange Kette von Aminosäuren vollständig ist und abgetrennt wird …

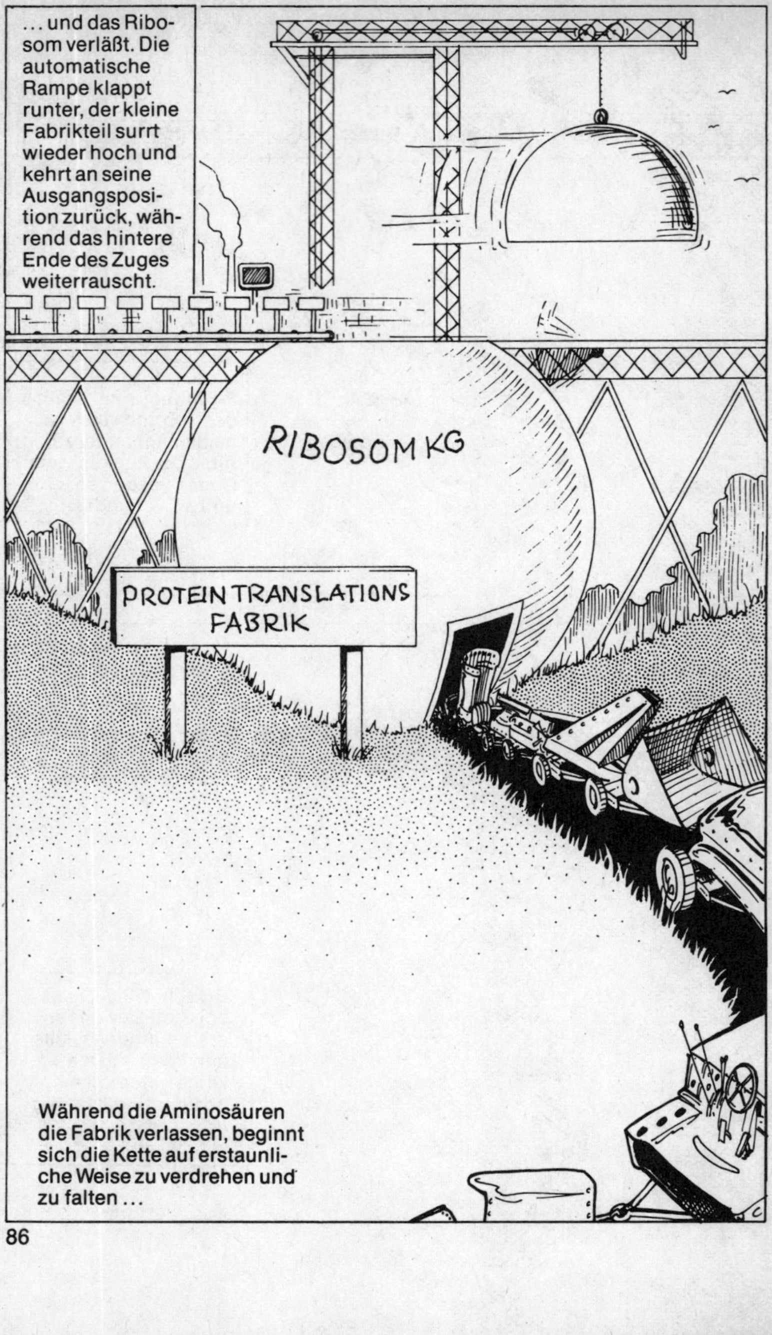
... und das Ribosom verläßt. Die automatische Rampe klappt runter, der kleine Fabrikteil surrt wieder hoch und kehrt an seine Ausgangsposition zurück, während das hintere Ende des Zuges weiterrauscht.
RIBOSOM KG
PROTEIN TRANSLATIONS FABRIK
Während die Aminosäuren die Fabrik verlassen, beginnt sich die Kette auf erstaunliche Weise zu verdrehen und zu falten ...

Aber dann sehen wir es vor uns: das fertige Produkt des **Transkriptions-** und **Translationsprozesses**.

Zellen stellen mit der – auf den letzten paar Seiten beschriebenen – Methode viele verschiedene Proteinarten her, die alle auf den Informationen beruhen, die vom Matrizenstrang der DNS auf die m-RNS übertragen wurden.

In der Tat ist auch das mobile Lesegerät, das den Transkriptionsprozeß ausführte, nur eine Maschine, die auf diese Weise hergestellt worden ist.

Dieses spezielle Modell ist ein Protein, das Zucker transportiert. Wie es funktioniert, werden wir später sehen, wenn **PaJaMo** wieder dran sind mit dem **Operon**

(SIEHE SEITE 93)

Was also war zuerst da:
die DNS-Matrize
oder
die RNS-Polymerase?

Es ist zweifellos noch erwähnenswert, daß es mehrere Ribosomen geben kann, die alle denselben RNS-Botenzug an verschiedenen Punkten abfertigen.

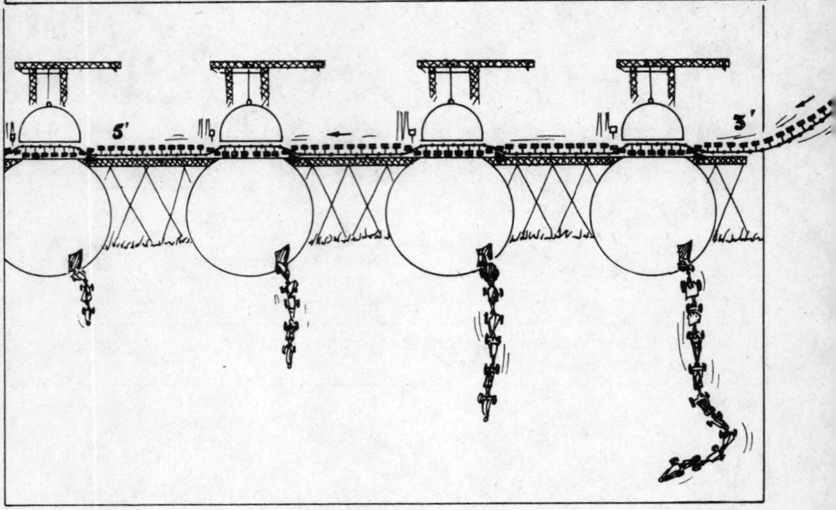

Ferner, daß der RNS-Botenzug recht kurzlebig ist, im Gegensatz zu dem langlebigen Matrizen-DNS-Strang, von dem er zusammengesetzt wurde. Das heißt, sobald der Zug das letzte Ribosom passiert und seine Aufgabe erfüllt hat ...

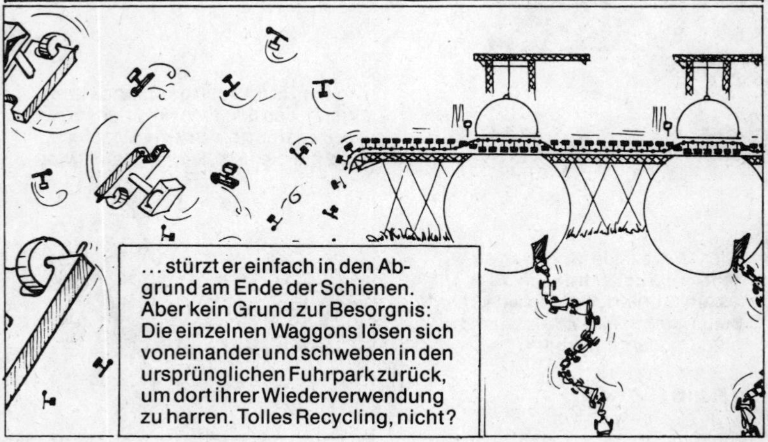

Der Code selbst wurde Anfang der 60er Jahre geknackt. **Severo Ochoa** von der New York University Medical School entwickelte enzymatische Methoden, um im Reagenzglas RNS-Moleküle mit festgelegten Nukleotidsequenzen herzustellen.

Marshall Nirenberg und sein Schüler Phil Leder, die an den National Institutes of Health in Maryland arbeiteten, benutzten synthetische RNS, die nach Ochoas Verfahren hergestellt waren, um die Proteinsynthese durch Zellextrakte im Reagenzglas auszulösen.

Sie fanden heraus, daß schon drei simple RNS-Nukleotide, die minimale Zahl von Molekülen zur Bildung eines Codewortes, ausreichten, um die t-RNS an die Ribosomen zu binden. Das RNS-Triplett bindet sich an das Ribosom und dirigiert nur eine t-RNS an ihren Platz. In einem typischen Experiment war GUU das addierte Triplett, und nun wurde nur valine t-RNS an das Ribosom gebunden. Folglich ist GUU das Codewort für Valin. Erinnert euch, daß es 64 Codewörter gibt, aber nur 20 Aminosäuren. Einige Aminosäuren können von mehr als einem Triplett spezifiziert werden. So sind ACU, ACC, ACA und ACG allesamt Codes für Threonin. Nur drei Tripletts versagten bei der Bindung von t-RNS: UAA, UAG und UGA. Das sind die «Unsinn-» oder «Stopp-Signale», von denen Crick und Brenner gesprochen hatten.

GENETISCHER
CODE GEKNAC
2ND
1ST
3RD
U C A G
U
PHE SER TYR CYS
PHE SER TYR CYS
LEU SER Ochre Opal
LEU SER Amber TRP
C
LEU PRO HIS ARG
LEU PRO HIS ARG
LEU PRO GLUN ARG
LEU PRO GLUN ARG
A
ILEU THR ASPN SER
ILEU THR ASPN SER
ILEU THR LYS ARG
MET THR LYS ARG
G
VAL ALA ASP GLY
VAL ALA ASP GLY
VAL ALA GLU GLY
VAL ALA GLU GLY
U C A G
U C A G
U C A G
PHE-PHENYLALANINE
GLU-GLUTAMIC ACID
ASP-ASPARTIC ACID
ASPN-ASPARAGINE
ILEU-ISOLEUCINE
MET-METHIONINE
THR-THREONINE
ARG-ARGININE
GLUN-GLUTAMINE
HIS-HISTIDINE
TRP-TRYPTOPHAN
TYR-TYROSINE
CYS-CYSTEINE
LEU-LEUCINE
PRO-PROLINE
ALA-ALANINE
VAL-VALINE
GLY-GLYCINE
LYS-LYSINE
SER-SERIN
SCHLÜS
SEL

Und man machte noch eine tolle Entdeckung: Der genetische Code ist universell! Jeder bislang untersuchte Organismus bedient sich desselben Codes, ob nun Bakterie oder Mensch. Es gibt nur eine Ausnahme – irgend jemand tanzt ja immer aus der Reihe: die Mitochondrien, subzellulare Organellen, die einen leicht veränderten Code benutzen.
PLEA PIQUES BRONX BOFFINS
'NO CLUES' SHIRT TOLD
TEENAGE PRIEST IN SEX-CHANGE MERCYDASH TO PALACE
FORAGERSBAFFLED IN SWOOP
REFUSES
BROWBEATEN
SPUME
Wir wissen, **wie** genetische Information entschlüsselt wird. Was reguliert nun ihre Abtrennung von der DNS? Was regelt die Aktivität eines Gens? Der große Durchbruch bei der Suche nach den richtigen Antworten kam mit der Theorie vom **Operon**. Die Inspiration kam von PaJaMo.

PAJAMO UND DAS OPERON
WIEDER DIE!
FEATURING
MIT
FRANCOIS JACOB
&
JACQUES MONOD
Man nehme ein Bakterium, dies hier, das auf einem Nährmedium wächst, in dem Lactose (Milchzucker) enthalten ist.
Nun sehe man hinein …
… wobei man Tausende von Molekülen eines Enzyms sehen wird, das den Zucker abbaut. Man nennt es Beta-Galactosidase.
β. β-G.
YUMMY
β-G.
Wir vermuten, daß das abbauende Enzym durch die Gegenwart des Zuckers vermehrt wird …
SNIFF
β-G.
… denn wenn kein Zucker da ist, verschwindet der größte Teil des Enzyms.

Doch wir vom PaJaMo-Team haben jetzt **dieses** mutierte Bakterium gefunden, das immerzu das abbauende Enzym herstellt, auch wenn gar kein Zucker da ist!
Wir haben das eine **konstitutive Mutante** genannt.
β-G.
hm...
β-G.
Sehr merkwürdig das Ganze ...
β-G.
PERMEASE
PERMEASE
Vielleicht wird die **Regulation** der Herstellung des abbauenden Enzyms durch ein Gen kontrolliert, daß sich von den Genen **unterscheidet,** die für ihre Struktur verantwortlich sind.
Übrigens haben wir seitdem entdeckt, wie das abbauende Enzym durch die Zellwand mit Zucker versorgt wird. Dafür ist ein kleiner Kerl verantwortlich, der **Permease** genannt wird (oder auch Lactose-Transport-Protein).

Wo liegt der genetische Ursprung dieser Vorgänge?
Darauf kommen wir gleich!
Ein Bakterium, das DNS birgt …
… (zusammengesetzt aus einigen der 4 Millionen DNS-Basen-Waggons) …
… die DNS trägt die codierte genetische Information …
… wie wir gesehen haben, wird die codierte Information durch die RNS-Polymerase – das mobile Lesegerät – transkribiert.
RNA POLY.
β-G
Wodurch wird nun bestimmt, ob das abbauende Enzym und Permease hergestellt werden?
Wir schlußfolgern, daß die DNS ein Gen enthält, das den Code für ein **Repressor**-Molekül trägt. Das unterbindet die Transkription des Gens für das abbauende Enzym, wenn kein Zucker da ist.
Wir nennen den Zukker den **Induktor**, denn nur wenn er vorhanden ist, funktioniert (im «normalen» Bakterium) der Repressor nicht, und die Herstellung dieser kleinen Maschinen wird induziert (ausgelöst).
β-G.
ZELL-WAND
ZUCKER
Jetzt haben wir also zwei Gruppen von Genen: eine Gruppe codiert die Proteine, die die Transkription regulieren …
die andere Gruppe legt die Struktur von Proteinen wie dem abbauenden Enzym und der Permease fest.

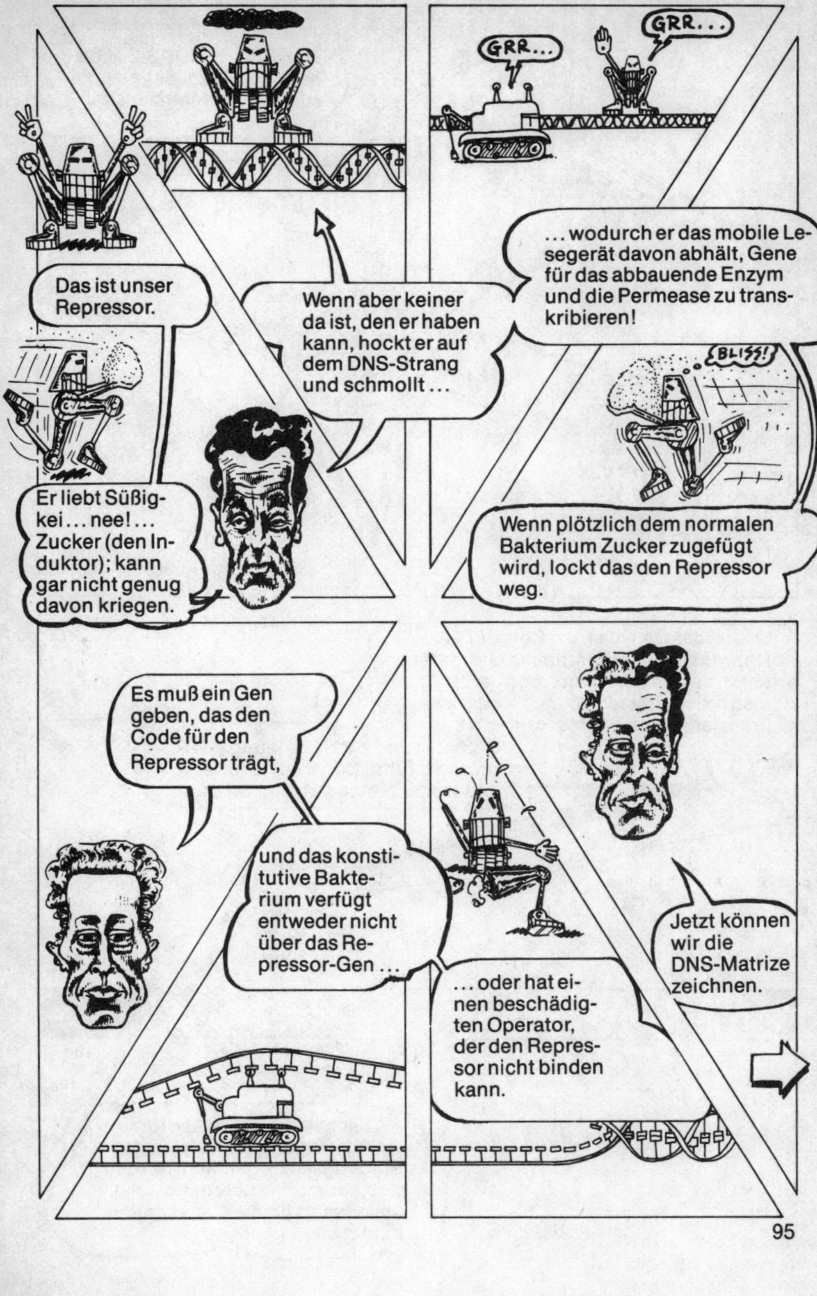
Das ist unser Repressor.
Wenn aber keiner da ist, den er haben kann, hockt er auf dem DNS-Strang und schmollt ...
GRR...
GRR...
... wodurch er das mobile Lesegerät davon abhält, Gene für das abbauende Enzym und die Permease zu transkribieren!
Er liebt Süßigkei ... nee! ... Zucker (den Induktor); kann gar nicht genug davon kriegen.
BLISS!
Wenn plötzlich dem normalen Bakterium Zucker zugefügt wird, lockt das den Repressor weg.
Es muß ein Gen geben, das den Code für den Repressor trägt,
und das konstitutive Bakterium verfügt entweder nicht über das Repressor-Gen ...
... oder hat einen beschädigten Operator, der den Repressor nicht binden kann.
Jetzt können wir die DNS-Matrize zeichnen.

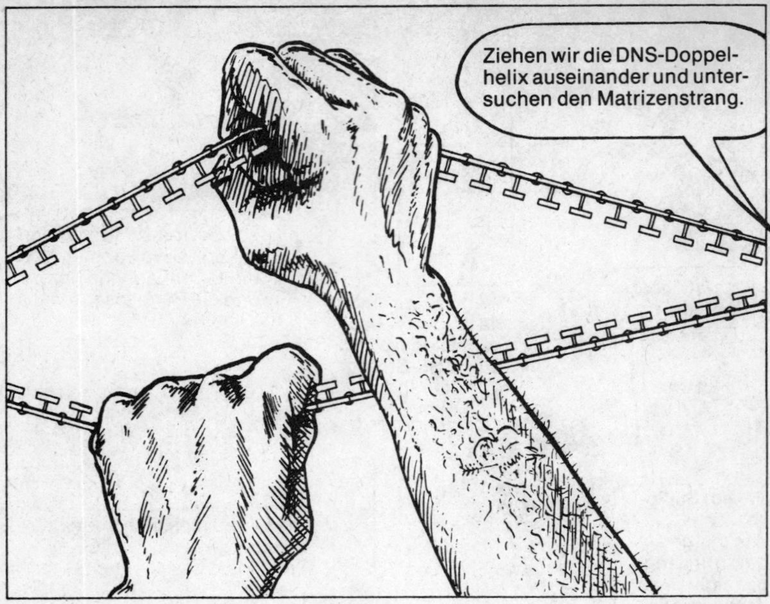
Ziehen wir die DNS-Doppelhelix auseinander und untersuchen den Matrizenstrang.

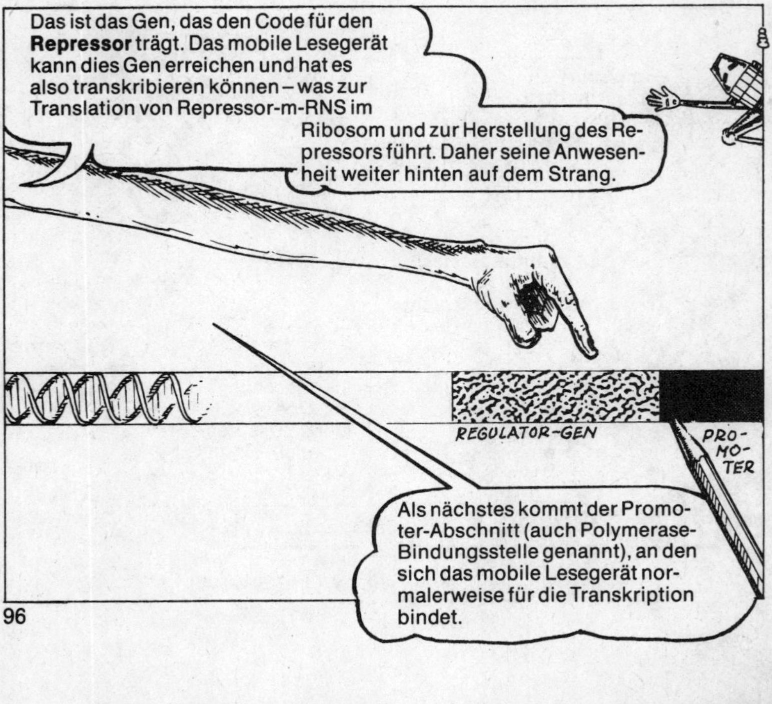
Das ist das Gen, das den Code für den **Repressor** trägt. Das mobile Lesegerät kann dies Gen erreichen und hat es also transkribieren können – was zur Translation von Repressor-m-RNS im Ribosom und zur Herstellung des Repressors führt. Daher seine Anwesenheit weiter hinten auf dem Strang.
REGULATOR-GEN
PRO-MO-TER
Als nächstes kommt der Promoter-Abschnitt (auch Polymerase-Bindungsstelle genannt), an den sich das mobile Lesegerät normalerweise für die Transkription bindet.

Doch hier ist schon der Operator-Abschnitt! Und hier hockt unser Repressor, wenn kein Zucker-Induktor vorhanden ist.
REGULATOR - GEN
PROMOTER
OPERATOR
KONTROLLABSCHNITTE (-ZIG BASEN LANG)

Als nächstes haben wir hier eine Gruppe Strukturgene. Die beiden wichtigsten sind die, die die Codes für das abbauende Enzym und für das Permeaseenzym tragen. Alle diese Gene werden von einem gemeinsamen Operator kontrolliert und von derselben m-RNS transkribiert.
EN
PROMOTER
OPERATOR
KONTROLLABSCHNITTE
β-GALACTOSIDASE
PERMEASE
STRUKTUR-GENE (HUNDERTE ODER TAUSENDE VON BASEN)

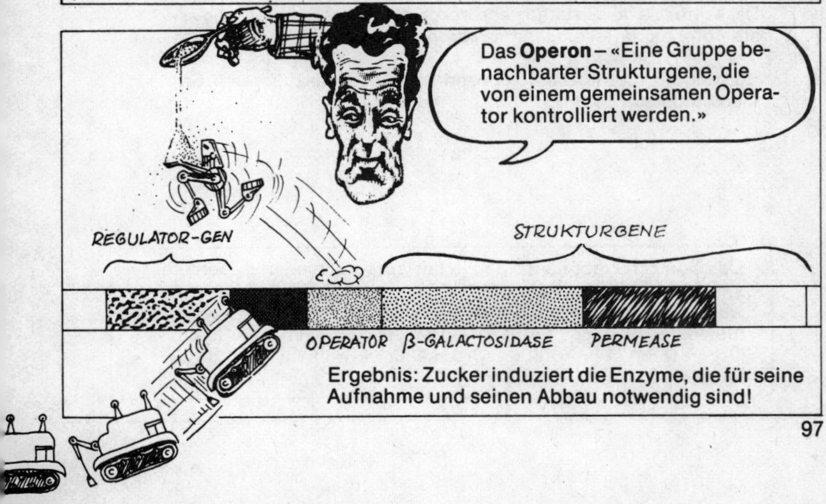
Das **Operon** – «Eine Gruppe benachbarter Strukturgene, die von einem gemeinsamen Operator kontrolliert werden.»
REGULATOR-GEN
STRUKTURGENE
OPERATOR
β-GALACTOSIDASE
PERMEASE
Ergebnis: Zucker induziert die Enzyme, die für seine Aufnahme und seinen Abbau notwendig sind!

Das Operon-Modell von PaJaMo steht unter den wichtigsten intellektuellen Leistungen der modernen Biologie auf einer

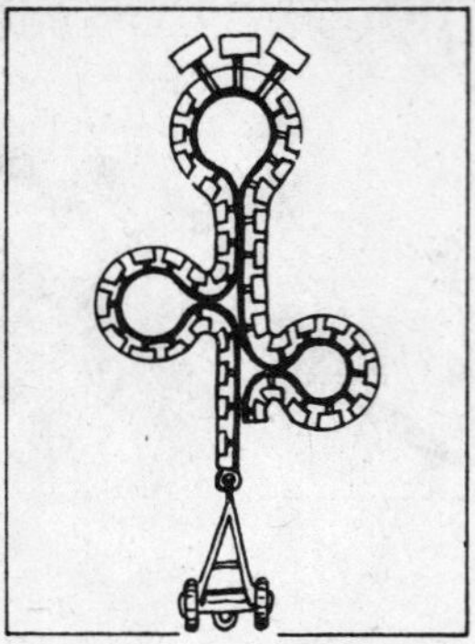

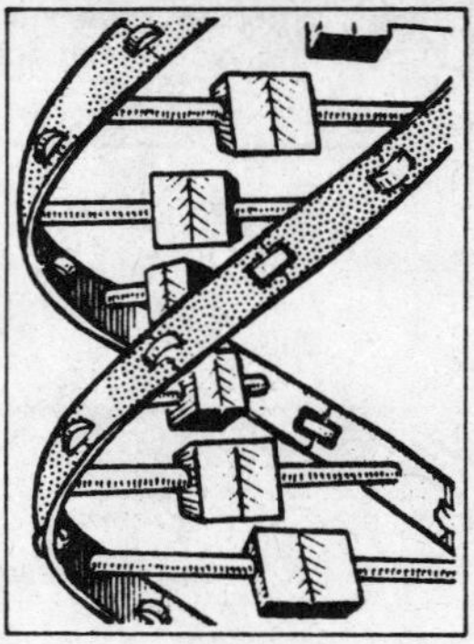

Stufe mit Cricks Adaptor-Hypothese und dem Watson-Crick-Modell der DNS.

Die Kontrolle der Strukturgene durch das Operon war nur die erste Form bakterieller Genregulation, die entdeckt werden sollte.

Seit den 60er Jahren sind viele andere, ebenso faszinierende Formen entdeckt worden.

Das Operon ermöglicht eine Vielfalt von verschiedenen Genaktivitäten im **individuellen Organismus** – angeregt durch die fortwährenden Veränderungen seines Lebensraums. Doch was schuf die Vielfalt der Gene selbst in den vielen, vielen verschiedenen Organismen? Wie konnte sich das alles entwickeln? Nur durch Mutation?

DIE VIELFALT DER GENAKTIVITÄTEN

Wäre die zufällige Mutation die einzige Quelle der Variation gewesen, wäre die Evolution nur sehr langsam fortgeschritten.

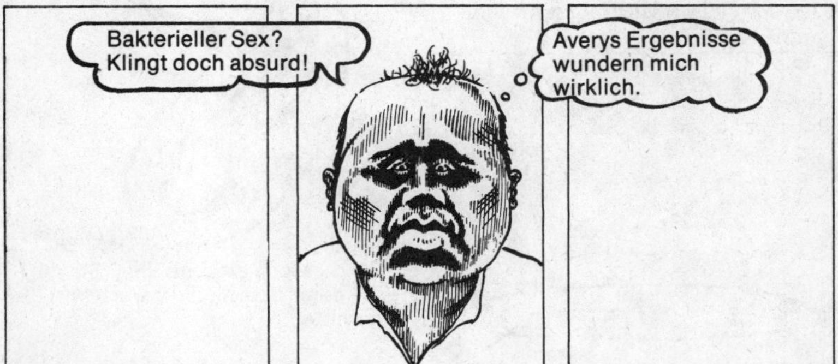

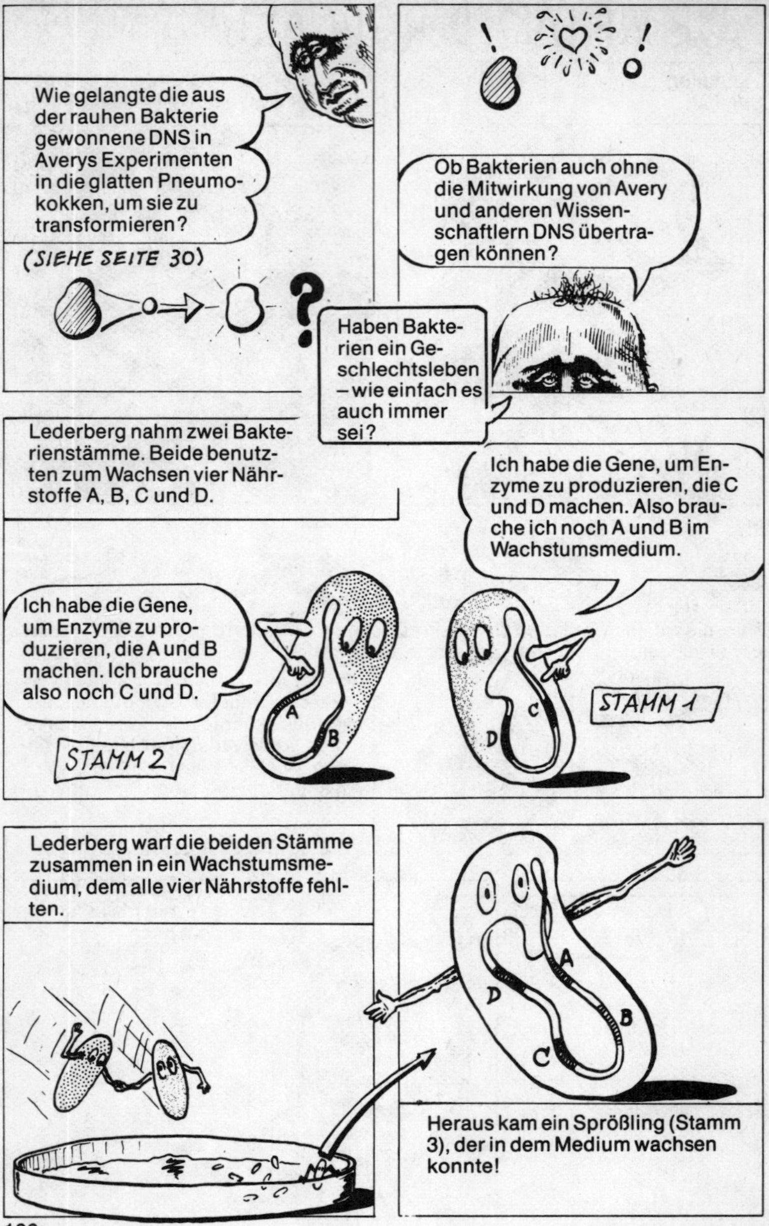
Wie gelangte die aus der rauhen Bakterie gewonnene DNS in Averys Experimenten in die glatten Pneumokokken, um sie zu transformieren?
(SIEHE SEITE 30)
?
! !
Ob Bakterien auch ohne die Mitwirkung von Avery und anderen Wissenschaftlern DNS übertragen können?
Haben Bakterien ein Geschlechtsleben – wie einfach es auch immer sei?
Lederberg nahm zwei Bakterienstämme. Beide benutzten zum Wachsen vier Nährstoffe A, B, C und D.
Ich habe die Gene, um Enzyme zu produzieren, die C und D machen. Also brauche ich noch A und B im Wachstumsmedium.
Ich habe die Gene, um Enzyme zu produzieren, die A und B machen. Ich brauche also noch C und D.
A
B
C
D
STAMM 2
STAMM 1
Lederberg warf die beiden Stämme zusammen in ein Wachstumsmedium, dem alle vier Nährstoffe fehlten.
A
D
B
C
Heraus kam ein Sprößling (Stamm 3), der in dem Medium wachsen konnte!

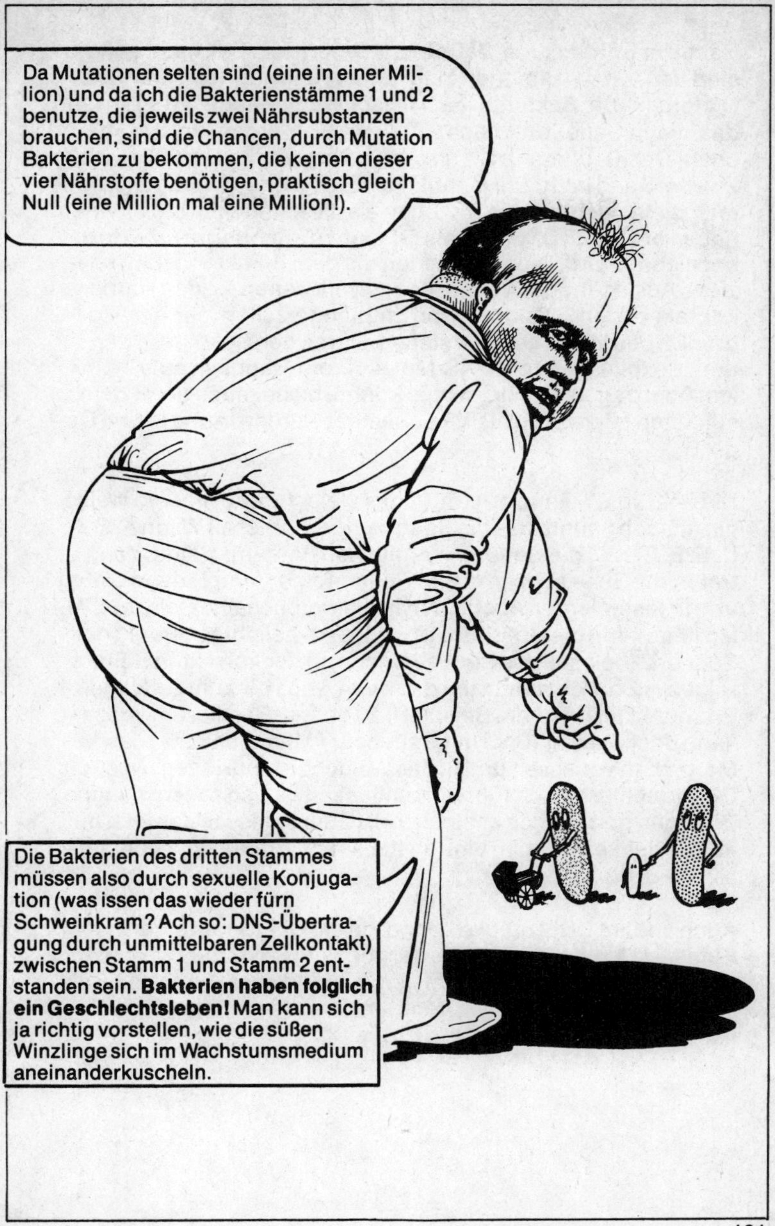
Da Mutationen selten sind (eine in einer Million) und da ich die Bakterienstämme 1 und 2 benutze, die jeweils zwei Nährsubstanzen brauchen, sind die Chancen, durch Mutation Bakterien zu bekommen, die keinen dieser vier Nährstoffe benötigen, praktisch gleich Null (eine Million mal eine Million!).
Die Bakterien des dritten Stammes müssen also durch sexuelle Konjugation (was issen das wieder fürn Schweinkram? Ach so: DNS-Übertragung durch unmittelbaren Zellkontakt) zwischen Stamm 1 und Stamm 2 entstanden sein. **Bakterien haben folglich ein Geschlechtsleben!** Man kann sich ja richtig vorstellen, wie die süßen Winzlinge sich im Wachstumsmedium aneinanderkuscheln.

Nach der Entdeckung, daß die Bakterien dem Sex nicht abhold sind, fanden die Biologen bald heraus, daß sie (nein, nicht die Biologen – die Bakteria) auch **Geschlechter** haben. Und so läuft das, wenn Gene von 1 nach 2 übertragen werden, um 3 zu machen: Der Klapperstorch ... sorry, wrong story. «Gen-Sex» die Zweite. Band läuft: Die männlichen Bakterien (genaugenommen diejenigen, die die Biologen als die Männchen bezeichnen) haben ein Stück DNS, das als F-Faktor (Fruchtbarkeitsfaktor) bezeichnet wird. Diese Bakterien mit dem F-Faktor haben spezielle Ausleger, sogenannte **Sexpili**, mit denen sie den Körperkontakt zu den F-Faktor-losen Empfängerzellen (netter ausgedrückt: den Weibchen) herstellen. Durch den Sexpim..., pardon: Sexpilus wird ein DNS-Molekül vom Männlein aufs Weiblein übertragen. Ein Orgasmus konnte bisher auch unter dem stärksten Mikroskop nicht beobachtet werden. Arme kleine Dinger!

Die DNS vom Männchen tritt in das Weibchen auf lineare Weise ein. (Jacob nannte das die Spaghetti-Hypothese.) Wenn A, B, C, D, E, F, G, ... Z die Gene im männlichen Bakterium sind, dann treten die Gene auch in dieser Reihenfolge (A vor B dann C etc.) und in festgelegten Abständen in die weibliche Bakterie ein. Allerdings kann die Übertragung an jedem beliebigen Punkt der Sequenz (beispielsweise J) beginnen, in der korrekten Reihenfolge bis Z durchlaufen, um dann von A aus bis zum zufälligen Endpunkt (in unserem Beispiel I) zu gehen. Bei diesem Vorgang kann der F-Faktor (DNS mit Genen für «Männlichkeit») das Männchen verlassen und in das Weibchen eindringen, was zum Geschlechtertausch führt. Männlichkeit ist – so sagen manche Biologen gern – eben ansteckend. (Oder sollte ich das jetzt mit: «Männlichkeit ist eben eine ansteckende Krankheit.» übersetzen? – d. Ü.)

Auch andere DNS-Stücke können in ein Bakterium eindringen. Eines, ein kleiner DNS-Ring, der von dem Bakterienchromosom getrennt bleibt, wird Plasmid genannt. Plasmide haben sich als sehr nützlich beim Klonen von Genen erwiesen, wie wir noch sehen werden.

PHOTO MIT FREUNDLICHER GENEHMIGUNG VON DR. CHARLES BRINTON JR.

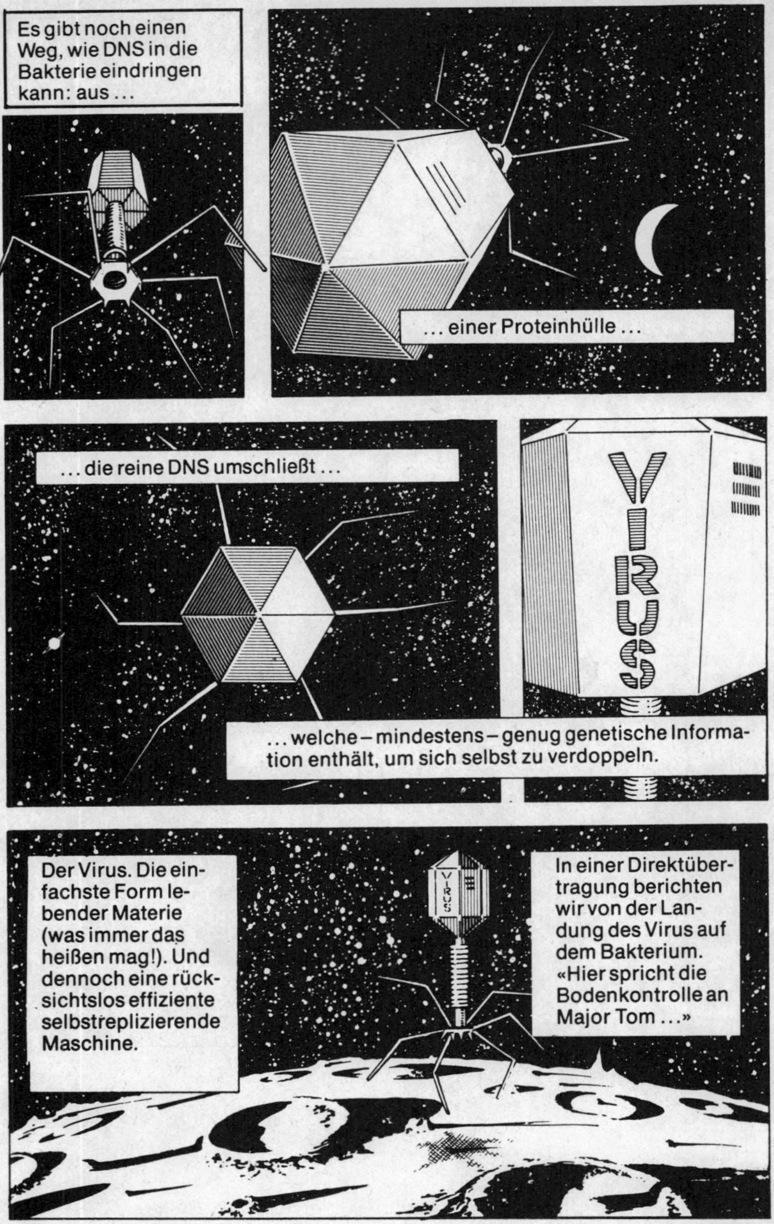
Es gibt noch einen Weg, wie DNS in die Bakterie eindringen kann: aus …
… einer Proteinhülle …
… die reine DNS umschließt …
VIRUS
… welche – mindestens – genug genetische Information enthält, um sich selbst zu verdoppeln.
Der Virus. Die einfachste Form lebender Materie (was immer das heißen mag!). Und dennoch eine rücksichtslos effiziente selbstreplizierende Maschine.
VIRUS
In einer Direktübertragung berichten wir von der Landung des Virus auf dem Bakterium. «Hier spricht die Bodenkontrolle an Major Tom …»

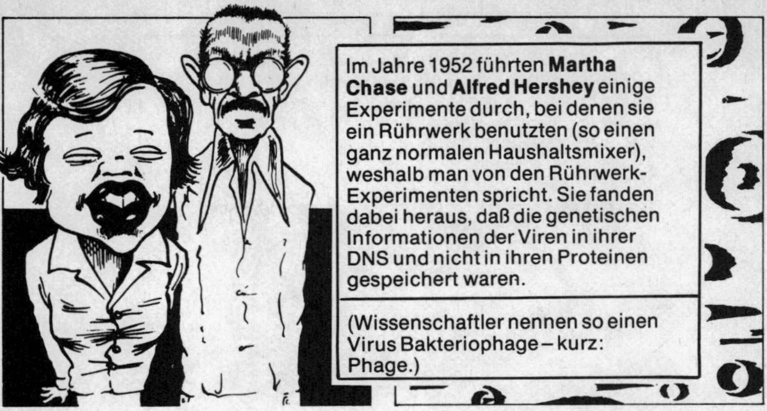

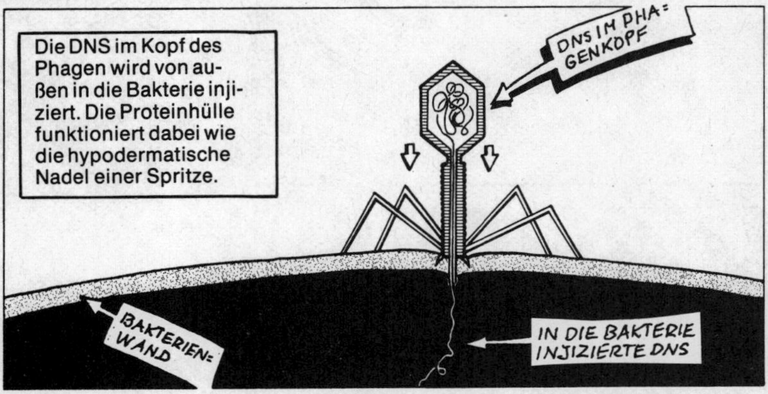

Ist die DNS des Virus' erst einmal in der Bakterienzelle, kann sie sie kontrollieren und – durch die Aktivität ihrer Gene, das mobile Lesegerät, die t-RNS und die Ribosomen des Bakteriums benutzend – das Bakterium zwingen, Hunderte neuer Virenhüllen und Hunderte von Kopien der Viren-DNS zu produzieren.

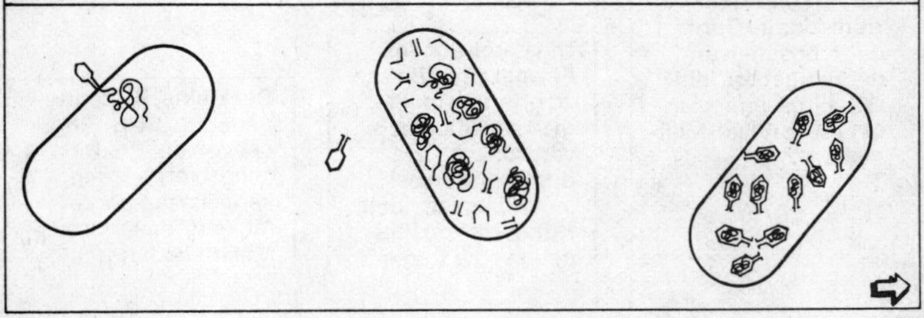

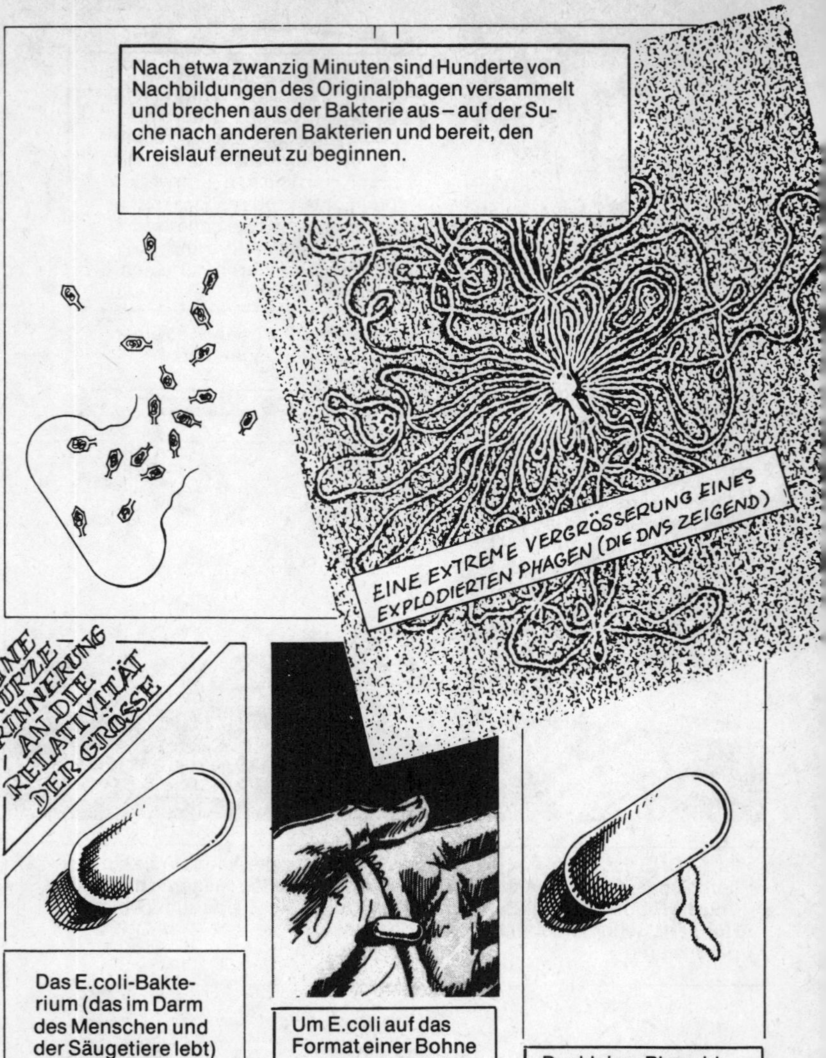
Nach etwa zwanzig Minuten sind Hunderte von Nachbildungen des Originalphagen versammelt und brechen aus der Bakterie aus – auf der Suche nach anderen Bakterien und bereit, den Kreislauf erneut zu beginnen.
EINE EXTREME VERGRÖSSERUNG EINES EXPLODIERTEN PHAGEN (DIE DNS ZEIGEND)
EINE KURZE ERINNERUNG AN DIE RELATIVITÄT DER GRÖSSE
Das E.coli-Bakterium (das im Darm des Menschen und der Säugetiere lebt) ist kaum länger als ein Tausendstel Millimeter.
Um E.coli auf das Format einer Bohne zu bringen, müßte man es 30 000fach vergrößern. Und doch kann es bei aller Winzigkeit noch Hunderte von Phagen in sich tragen.
Der kleine, Plasmid genannte DNS-Ring, der von der Bakterie absorbiert werden kann, ist nur ungefähr ein Tausendstel Millimeter lang!

Na, steigt ihr noch durch? Wir wollen euch nämlich mit einem Blick in die Innenwelt der Zelle noch weiter verwirren. Die «typische» Zelle eines Säugetiers enthält Enzyme, andere Proteine, Fette, Zucker, Aminosäuren, andere Bausteine und energietragende Moleküle **plus** ein Haufen DNS-Doppelstränge. Die Doppelhelix hat einen Durchmesser von weniger als 80 Milliardenstel Inch (oder 203 Milliardenstel Zentimeter)!
All diese komplexen Prozesse gehen in winzigen Teilchen vor sich, die man mit bloßem Auge nicht sehen kann. Kein Wunder, daß der Anfänger dem uneindringlichen «inneren Raum» genauso verblüfft gegenübersteht wie den unendlichen Mysterien des Universums.
Puh! Nachdem wir uns jetzt so lange mit den verschiedenen Vertretern der klassischen Molekularbiologie und ihren Entdeckungen beschäftigt haben, ist's, glaub' ich, an der Zeit, sich der modernen Genetik, den neuesten Forschungen und einigen Zukunftsaussichten zuzuwenden.

KURZE ERINNERUNG AN DIE MENSCHLICHEN GENE

Sperma entsteht im Hoden des Mannes und wird durch den Penis ejakuliert (wobei bei jeder Ejakulation Hunderte von Millionen von Spermien ausgestoßen werden).

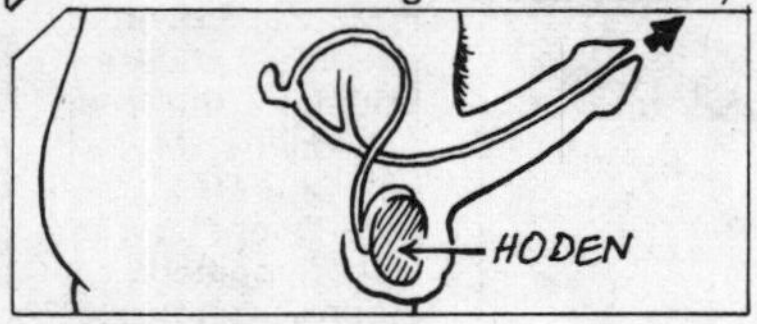

Die Eier werden in den Eierstöken der Frau aufbewahrt, und im Abstand von vier Wochen wird jeweils ein Ei abgestoßen. Das Ei nistet sich im Eileiter ein und wartet darauf, von einem Spermium befruchtet zu werden.

Eine einzelne Spermazelle (am Kopf des wedelnden Schwanzes) besteht hauptsächlich aus einem Zellkern (Nucleus).

Die Eizelle (die kleiner als der Kopf einer Stecknadel ist) hat gallertartiges Zytoplasma, das den Zellkern umschließt.

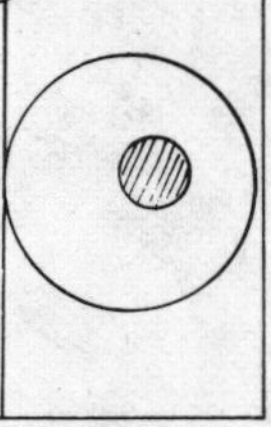

Im Zellkern befindet sich ein dunkler gefärbtes Material, das als **Chromatin** bekannt ist und aus völlig verhedderten Fäden besteht.

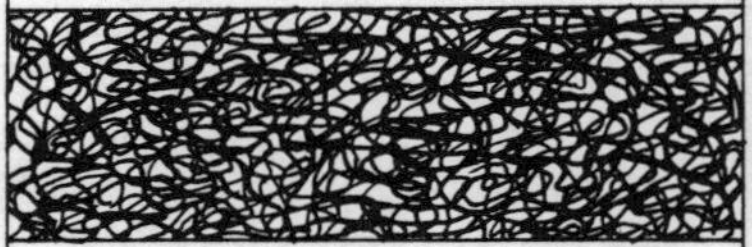

Die Zelle teilt diese fadenförmigen Gebilde in Gruppen auf: die Chromosomen. Ein Mensch besitzt 46 Chromosomen.

Im Nucleus des Spermiums sind 23 Chromosomen, ebenso wie in dem des Eies. Wenn das Spermium das Ei befruchtet, verschmelzen die beiden Zellkerne und es entsteht eine Zelle mit 46 Chromosomen.

Die Chromosomen bilden 23 **Paare**, jeweils mit einem Partner aus dem Spermium und einem aus dem Ei.

Um ein Chromosomenpaar auf einen Zentimeter Länge zu bringen, müßte man es ungefähr 2000fach vergrößern. Chromosomen bestehen aus winzigen DNS-Fädchen.

(MEHR ÜBER CHROMOSOME SEITE 147)

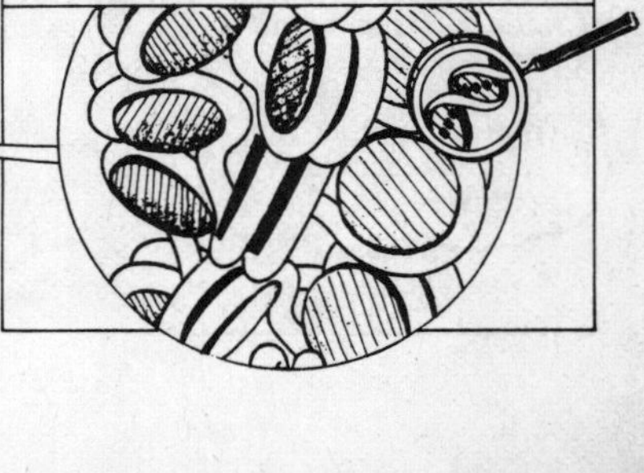

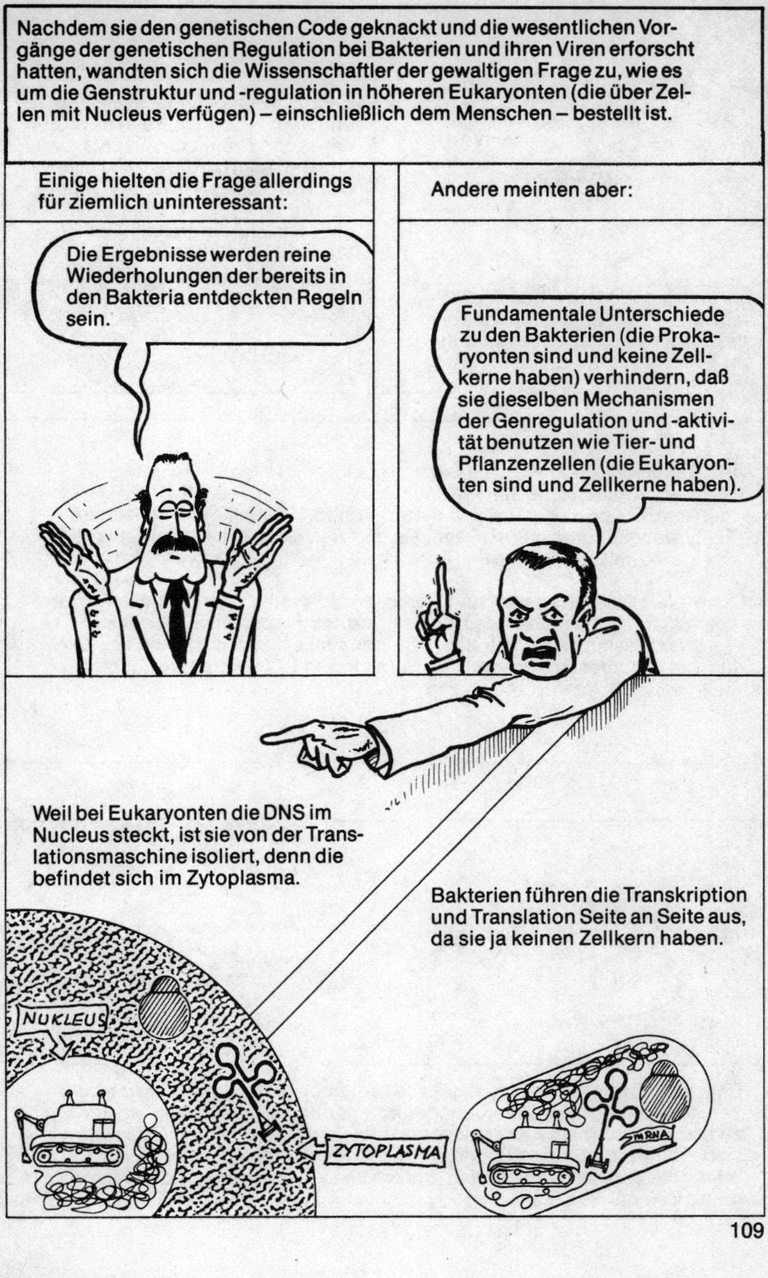
Nachdem sie den genetischen Code geknackt und die wesentlichen Vorgänge der genetischen Regulation bei Bakterien und ihren Viren erforscht hatten, wandten sich die Wissenschaftler der gewaltigen Frage zu, wie es um die Genstruktur und -regulation in höheren Eukaryonten (die über Zellen mit Nucleus verfügen) – einschließlich dem Menschen – bestellt ist.
Einige hielten die Frage allerdings für ziemlich uninteressant:
Die Ergebnisse werden reine Wiederholungen der bereits in den Bakteria entdeckten Regeln sein.
Andere meinten aber:
Fundamentale Unterschiede zu den Bakterien (die Prokaryonten sind und keine Zellkerne haben) verhindern, daß sie dieselben Mechanismen der Genregulation und -aktivität benutzen wie Tier- und Pflanzenzellen (die Eukaryonten sind und Zellkerne haben).
Weil bei Eukaryonten die DNS im Nucleus steckt, ist sie von der Translationsmaschine isoliert, denn die befindet sich im Zytoplasma.
Bakterien führen die Transkription und Translation Seite an Seite aus, da sie ja keinen Zellkern haben.
NUKLEUS
ZYTOPLASMA
mRNA

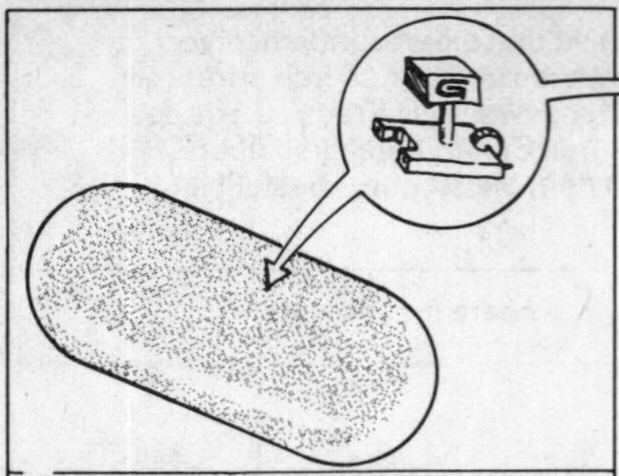

Die meisten Bakterien haben etwa zehn Millionen Nukleotiden, die wir als Einzelbasen tragende Waggons der genetischen Information gezeichnet haben.

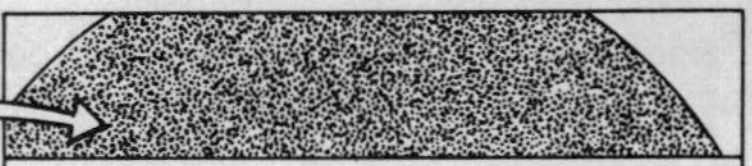

Doch die Eukaryontenzellen haben ungefähr 100mal so viele Nukleotiden. Können einfache Repressoren und Aktivatoren, die gerade ausreichen für prokaryontische Genomen (Chromosomensatz einer Zelle), mit der Kontrolle derart komplexer Informationen fertig werden?

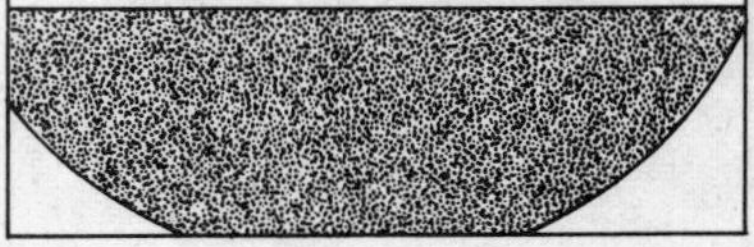

Die Genetik wäre ein Weg, die Genaktivitäten von Tierzellen zu untersuchen, doch genetische Studien der eukaryontischen Genaktivitäten waren mühsam. Einige dieser Probleme wurden jedoch mit Hilfe von tierischen Zellgewebekulturen gelöst. Dabei werden Tierzellen isoliert und außerhalb des Tieres im Labor in speziell entwickelten Kulturmedien vermehrt.

Anders als Bakterienzellen sind Tierzellen nicht fähig, sich unendlich oft zu spalten, da sie normalerweise mit dem Tod des Tieres selbst auch absterben. Nach vielen Fehlversuchen gelang es schließlich, «unsterbliche» Zellen, die im Labor zu unbegrenzter Vermehrung fähig waren, zu züchten.

Eine menschliche Zellenlinie, HeLa, ist im Labor vierzig Jahre lang am Leben gehalten worden. Das gelingt allerdings nur bei Zellkulturen, wo einzelne Zellen aus dem Gewebeverband herausgelöst werden, nicht bei Gewebekulturen, wo ganze Gewebeteile benutzt werden. Kultivierte Zellen bieten die Vorteile der Bakterien und erlauben Experimente, die mit dem ganzen Tier unmöglich wären.

Mit Zellen aus Gewebekulturen kann durch «Zellfusion» eine Form der Geschlechtlichkeit hergestellt werden.

Wenn verschiedene kultivierte Zellenarten in Gegenwart bestimmter Viren oder chemischer Agenzien vermengt werden, klumpen sie zusammen und ihre äußeren Membranen verbinden sich. Die Kerne der verbundenen Zellen befinden sich nun gemeinsam in einer einzigen Zelle.

Während der Zellteilung lösen sich die Zellkernmembranen der ursprünglichen Zellen auf und die Chromosomensätze vermischen sich. Zelltypen unterschiedlicher Tierarten – wie zum Beispiel menschliche und Mäusezellen – können auf diese Weise bequem miteinander verschmolzen werden, so daß eine hybride Mann-und-Maus-Zellinie entsteht.

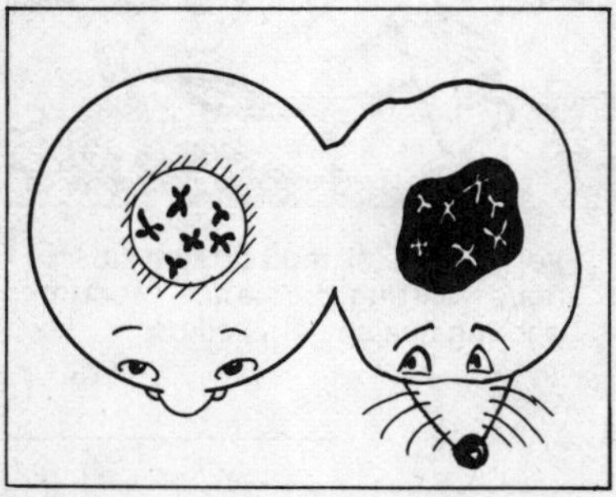

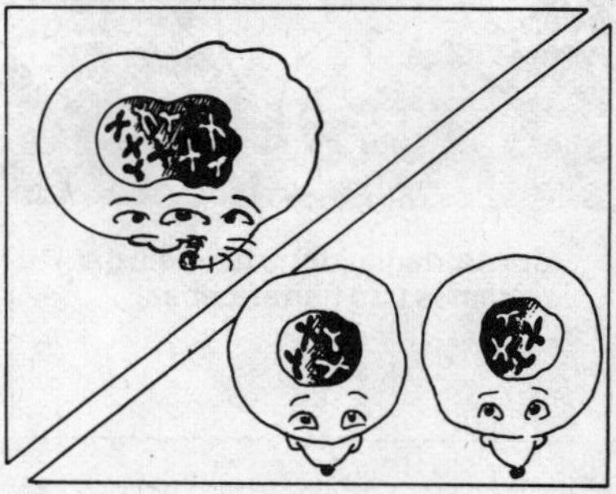

Oberflächlich ähnelt die Zellfusion der Vermischung der Chromosomen von Spermium und Ei nach der Befruchtung.

Zellen, die sowohl menschliche als auch Mäusechromosomen haben, können zwar im Labor hergestellt werden, doch entwickeln sie sich außerhalb der Disney Studios nie zu einem multizellularen Organismus – dem Mausmenschen.

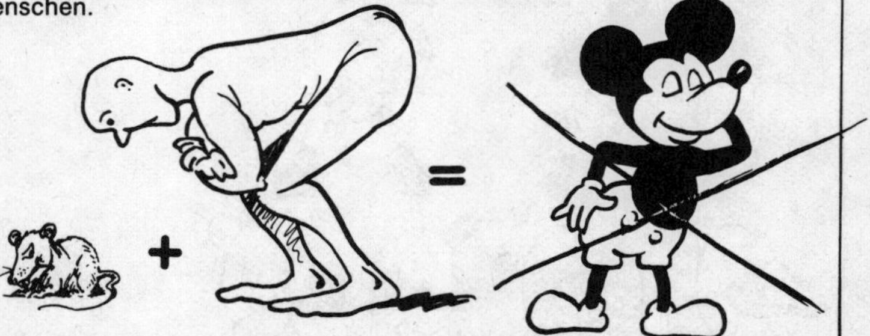

Unglücklicherweise verlieren Zellen in Gewebekulturen oft ihre speziellen differenzierten Eigenschaften, und ihre Eignung als Modelle für differentielle Genaktivität ist fraglich.

Die Probleme der **Differenzierung** beleuchten einen weiteren wichtigen Unterschied zwischen Tierzellen und Bakterien.

Eine Bodenbakterie führt ein gar einsames und hartes Leben.

Von Zeit zu Zeit muß sie sich auf neue Nahrung, die sie aus ihrer Umgebung bezieht, einstellen.

Eine Bakterie kann viele Zellteilungen durchmachen, ohne ihr Repertoire von genetischen Anlagen zu verändern.

Tierzellen befinden sich (im allgemeinen) in einem Organismus, umgeben von einer gleichbleibenden Umgebung aus Körpersäften und Gewebe. Sie müssen sich nicht auf drastische Veränderungen ihres Lebensraums einstellen. Ihre genetischen Programme sind auf die Erfüllung spezifischer Aufgaben im Organismus eingestellt (Differenzierung).

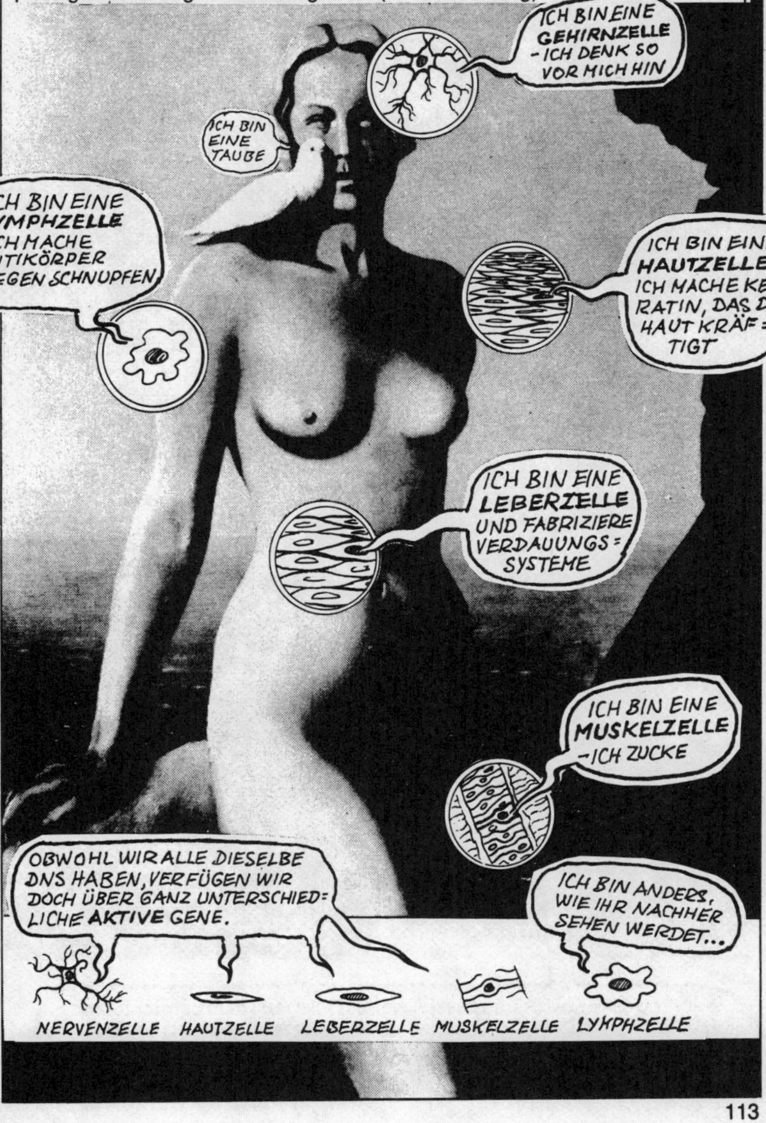

Während der Entwicklung spezialisierter Zellen aus dem befruchteten Ei behalten alle Zellen (abgesehen von ein paar Ausnahmen) genau dieselbe Menge DNS. Die Differenzierung erfolgt nicht durch Abstoßung unerwünschter Gene.

Sowohl Bakterien als auch differenzierte Zellen verfügen also während der Genregulierung über eine konstante DNS-Menge.

Doch kann ein Bakterium ein Gen praktisch unbegrenzt oft an- oder ausschalten.

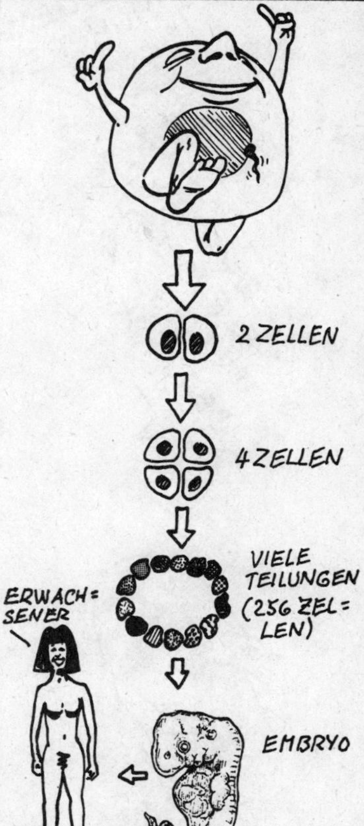

Im Gegensatz dazu verändert eine differenzierte Zelle ihre Aktivität normalerweise nicht, um zu einem anderen Typ zu werden. Gehirnzellen können also nicht zu Leberzellen werden und andersrum auch nicht. Treten dennoch Veränderungen auf, ist das oft nur partiell und kann von unreguliertem Wachstum, das zu einem Tumor führt, begleitet sein.

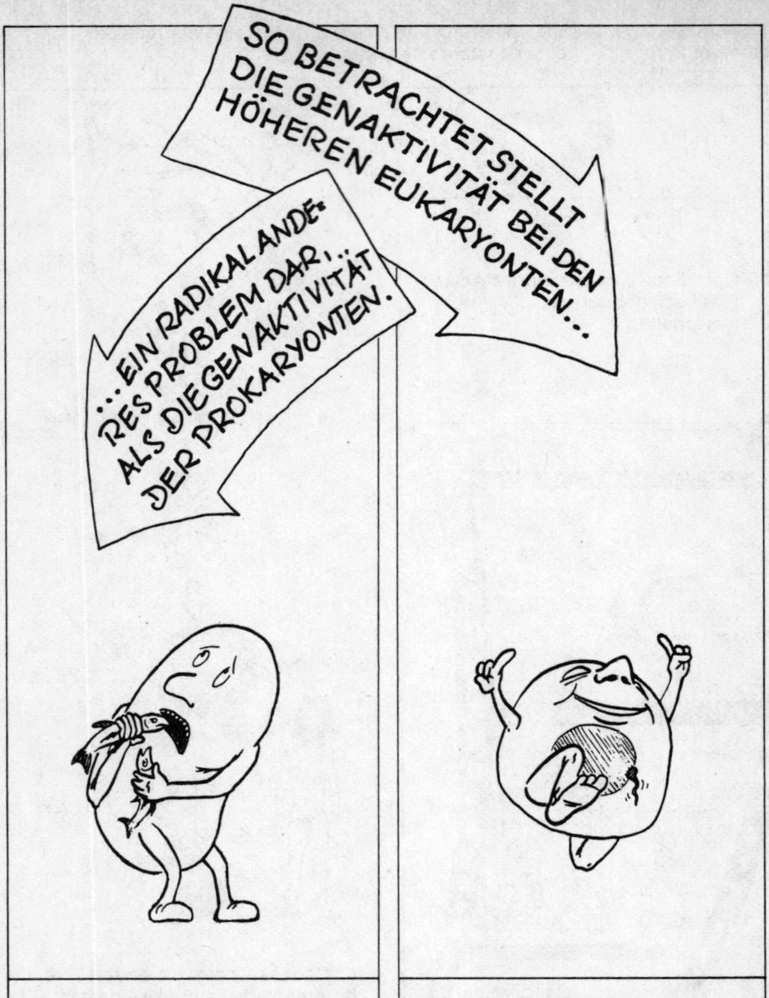

Die Bakterie muß allein und wiederholt mit Veränderungen ihrer Umwelt fertig werden (so wie das Bakterium im PaJaMo-Experiment mit dem Fehlen oder Vorhandensein von Zucker).

Das eukaryontische befruchtete Ei gibt alle Vorsicht auf. Es bringt eine große Vielzahl differenzierter Zellen hervor, die den Organismus bilden und irgendwann einmal sterben. Anders als die Bakterie kann es Regulierungsmechanismen anwenden, die unveränderlich sind.

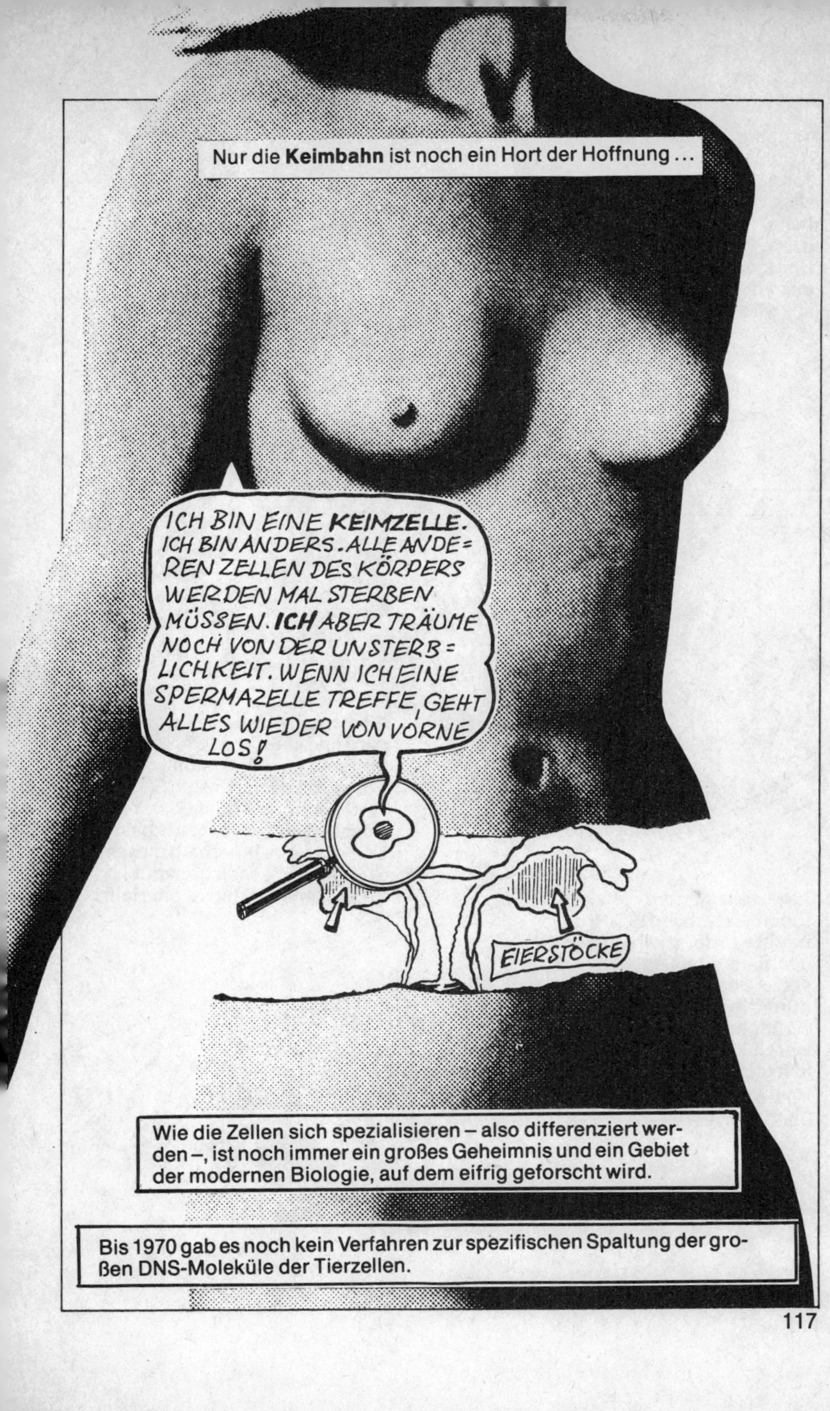
Nur die **Keimbahn** ist noch ein Hort der Hoffnung …
ICH BIN EINE **KEIMZELLE**. ICH BIN ANDERS. ALLE ANDE= REN ZELLEN DES KÖRPERS WERDEN MAL STERBEN MÜSSEN. **ICH** ABER TRÄUME NOCH VON DER UNSTERB= LICHKEIT. WENN ICH EINE SPERMAZELLE TREFFE, GEHT ALLES WIEDER VON VORNE LOS!
EIERSTÖCKE
Wie die Zellen sich spezialisieren – also differenziert werden –, ist noch immer ein großes Geheimnis und ein Gebiet der modernen Biologie, auf dem eifrig geforscht wird.
Bis 1970 gab es noch kein Verfahren zur spezifischen Spaltung der großen DNS-Moleküle der Tierzellen.

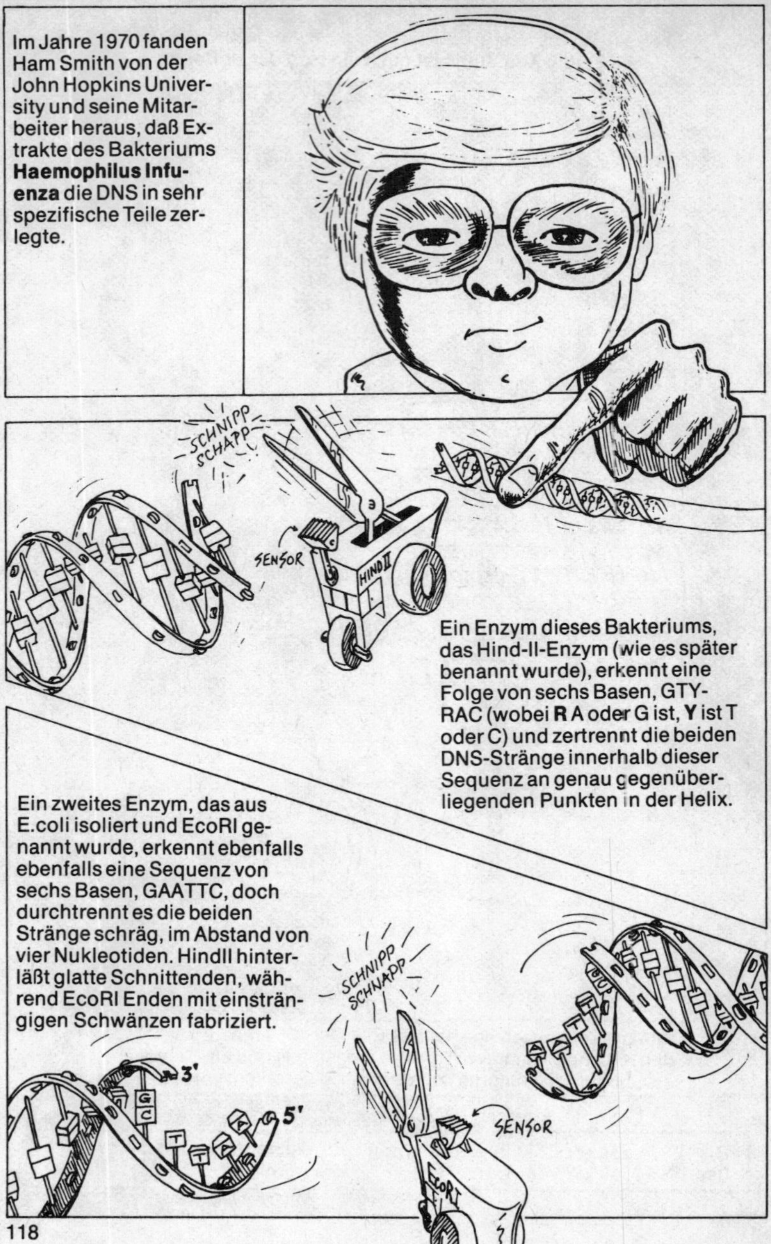
Im Jahre 1970 fanden Ham Smith von der John Hopkins University und seine Mitarbeiter heraus, daß Extrakte des Bakteriums **Haemophilus Infuenza** die DNS in sehr spezifische Teile zerlegte.
SCHNIPP SCHAPP
SENSOR
HIND II
Ein Enzym dieses Bakteriums, das Hind-II-Enzym (wie es später benannt wurde), erkennt eine Folge von sechs Basen, GTYRAC (wobei **R** A oder G ist, **Y** ist T oder C) und zertrennt die beiden DNS-Stränge innerhalb dieser Sequenz an genau gegenüberliegenden Punkten in der Helix.
Ein zweites Enzym, das aus E.coli isoliert und EcoRI genannt wurde, erkennt ebenfalls ebenfalls eine Sequenz von sechs Basen, GAATTC, doch durchtrennt es die beiden Stränge schräg, im Abstand von vier Nukleotiden. HindII hinterläßt glatte Schnittenden, während EcoRI Enden mit einsträngigen Schwänzen fabriziert.
SCHNIPP SCHNAPP
3'
5'
SENSOR
ECORI

Eine gründliche Suche nach weiteren Restriktionsenzymen brachte mehr als 75 verschiedene Schnittstellen zum Vorschein.

Die Enzyme kommen in einer Vielzahl einzelliger Organismen vor: in vielen Bakterien und auch in der Hefe. Die Restriktionsenzyme stellen ein ungemein wertvolles Werkzeug zur Aufspaltung komplexer DNS-Genomen an bestimmten Punkten dar.

Doch bevor die moderne Genanalyse so richtig in die vollen gehen konnte, bedurfte es noch eines weiteren technischen Fortschritts: **die genetische Manipulation der DNS durch das Klonen rekombinanter DNS-Moleküle**.

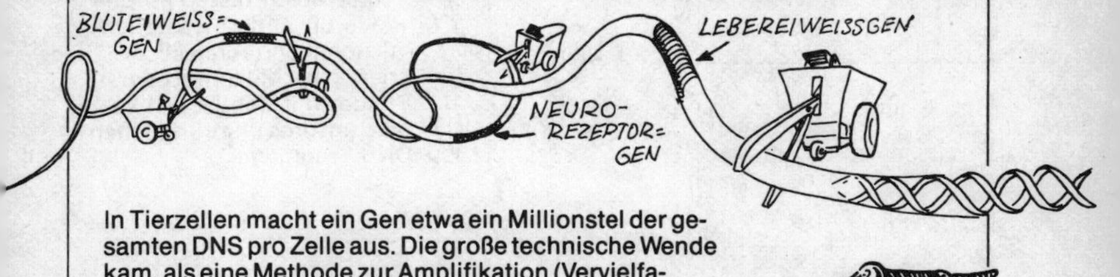

In Tierzellen macht ein Gen etwa ein Millionstel der gesamten DNS pro Zelle aus. Die große technische Wende kam, als eine Methode zur Amplifikation (Vervielfachung) eines jeden Gens oder DNS-Segments mit Hilfe lebender Bakterienzellen gefunden wurde.

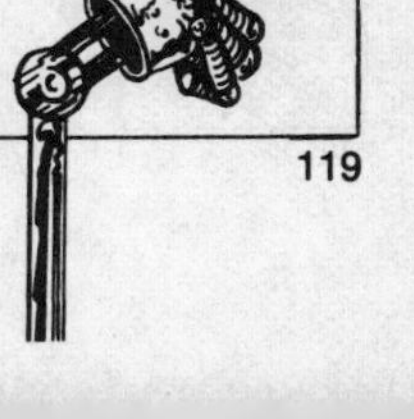

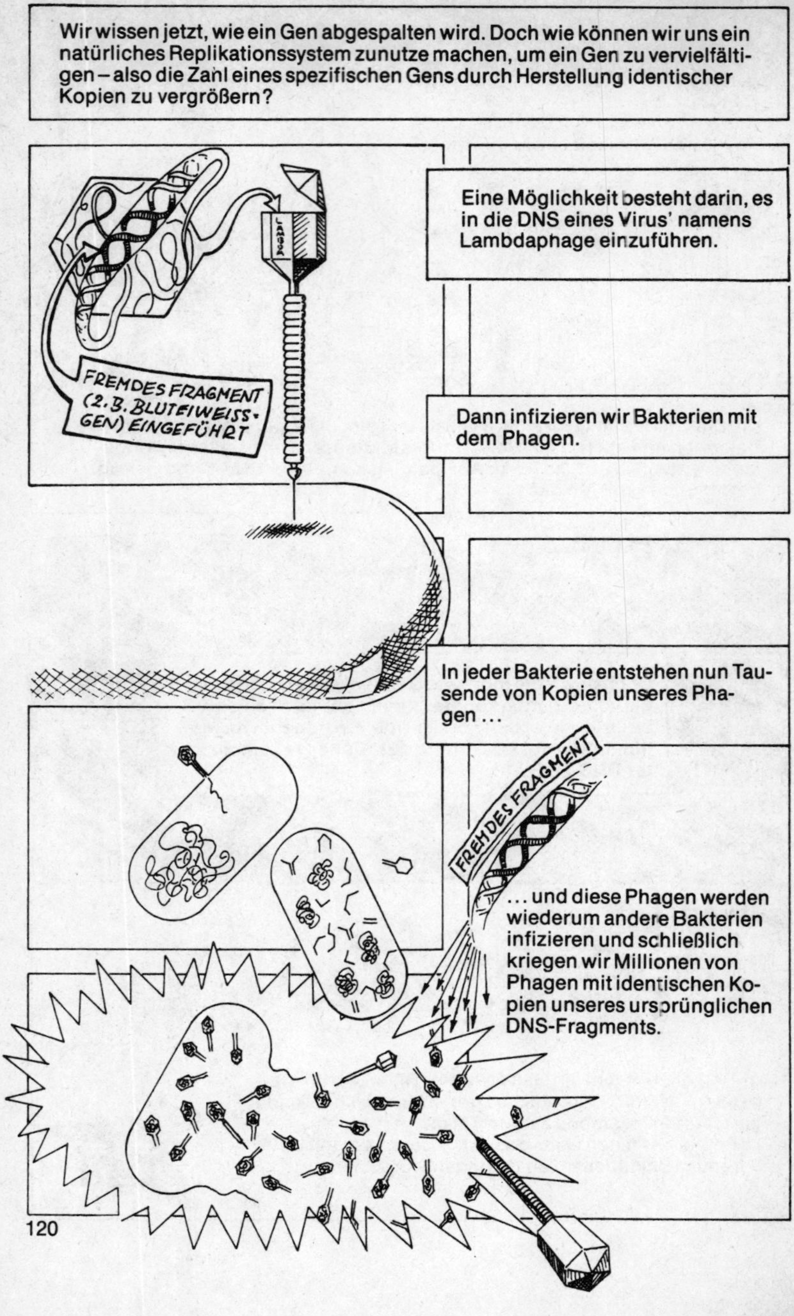
Wir wissen jetzt, wie ein Gen abgespalten wird. Doch wie können wir uns ein natürliches Replikationssystem zunutze machen, um ein Gen zu vervielfältigen – also die Zahl eines spezifischen Gens durch Herstellung identischer Kopien zu vergrößern?
FREMDES FRAGMENT (Z.B. BLUTEIWEISS-GEN) EINGEFÜHRT
LAMBDA
Eine Möglichkeit besteht darin, es in die DNS eines Virus' namens Lambdaphage einzuführen.
Dann infizieren wir Bakterien mit dem Phagen.
In jeder Bakterie entstehen nun Tausende von Kopien unseres Phagen …
FREMDES FRAGMENT
… und diese Phagen werden wiederum andere Bakterien infizieren und schließlich kriegen wir Millionen von Phagen mit identischen Kopien unseres ursprünglichen DNS-Fragments.

ODER ...

wir fügen unser DNS-Fragment in ein Plasmid (ein kleiner DNS-Ring) ein ...

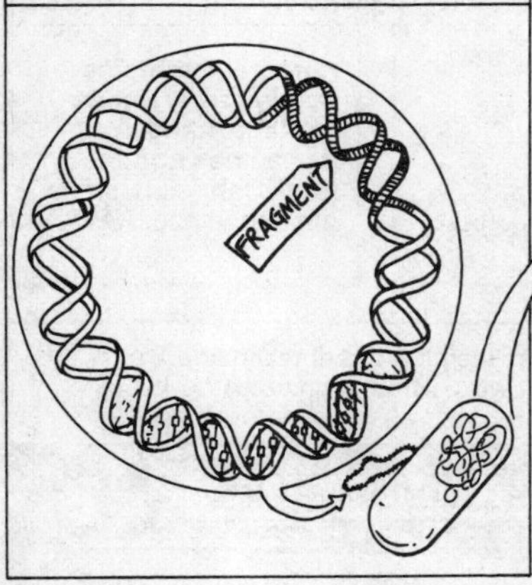

... das Plasmid wird von einem Bakterium aufgenommen und vervielfältigt sich neben der bakteriellen DNS.

Während Phagen sich auf bestimmte Strukturen verlassen, um in Zellen reinzukommen, dringen Plasmide auf ineffiziente und schwierige Weise ein: Sie durchqueren die Bakterienmembrane als nacktes DNS-Molekül. Das erinnert stark an das Eindringen des transformierenden Prinzips in die Bakterie in den Experimenten von Griffith und Avery.

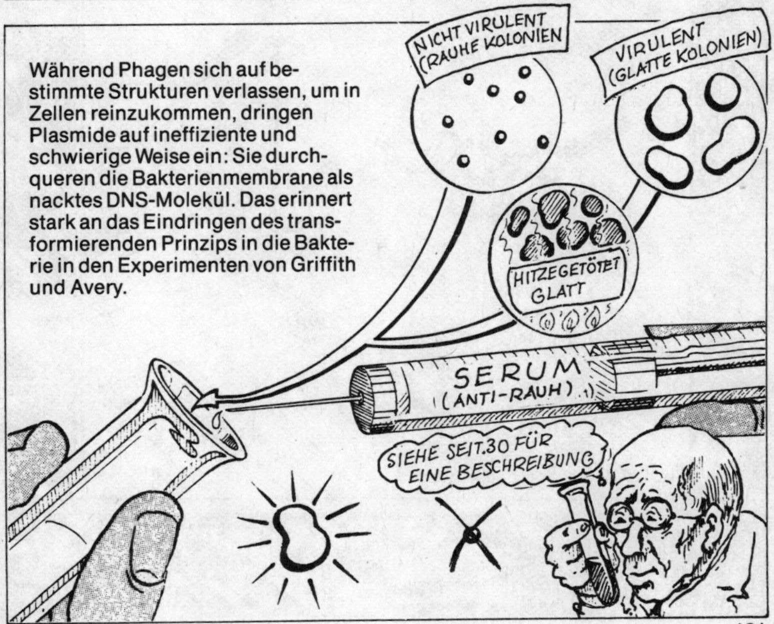

Wie verbinden wir unser fremdes Gen mit dem Plasmid?

Ihr wißt ja, daß das EcoRI-Enzym die Doppelhelix schräg durchschneidet.

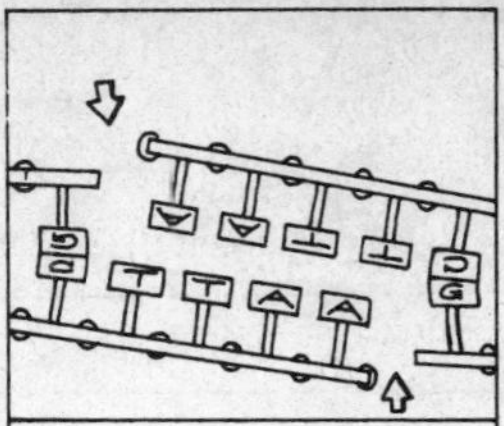

Kurze, einsträngige Schwänze, je vier Basen lang, hängen an den beiden Enden. EcoRI fabriziert immer die Schwänze: AATT.

Wenn ein ringförmiges DNS-Molekül (wie Plasmid), das eine einzige Trennstelle hat, mit so einem Enzym behandelt wird, öffnet sich der Ring.

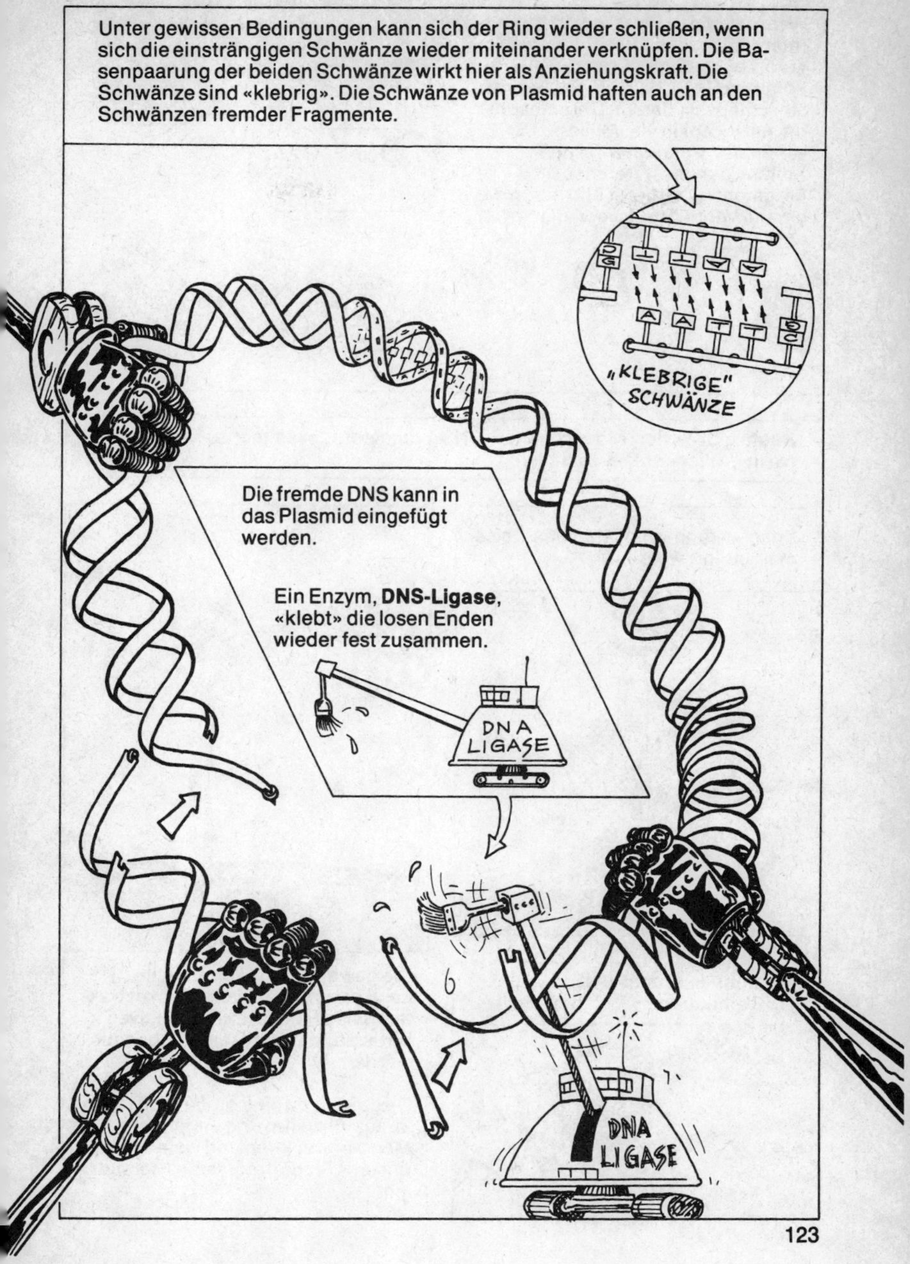
Unter gewissen Bedingungen kann sich der Ring wieder schließen, wenn sich die einsträngigen Schwänze wieder miteinander verknüpfen. Die Basenpaarung der beiden Schwänze wirkt hier als Anziehungskraft. Die Schwänze sind «klebrig». Die Schwänze von Plasmid haften auch an den Schwänzen fremder Fragmente.
„KLEBRIGE" SCHWÄNZE
Die fremde DNS kann in das Plasmid eingefügt werden.
Ein Enzym, **DNS-Ligase**, «klebt» die losen Enden wieder fest zusammen.
DNA LIGASE
DNA LIGASE

Wenn wir einen Plasmid-Vektoren (mehrere tausend Basenpaare) mit derart eingebauter Fremd-DNS (rekombinante DNS) in ein Bakterium einschleusen, das ein Chromosom hat (ungefähr in vier Millionen Basenpaare), erhalten wir einen Stamm, der unser fremdes DNS-Fragment beherbergt und durch die eigene Vermehrung vervielfältigt.

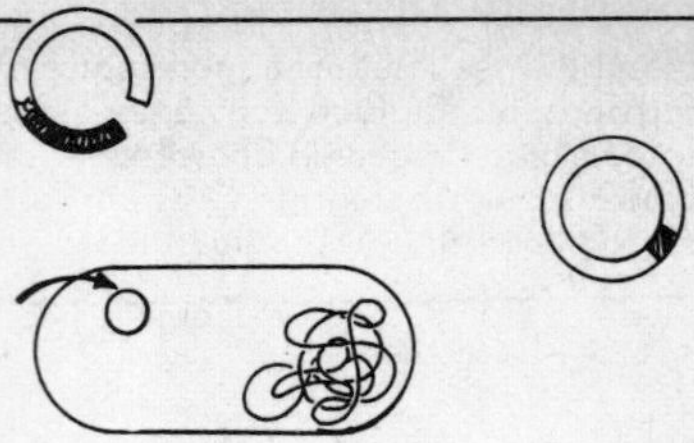

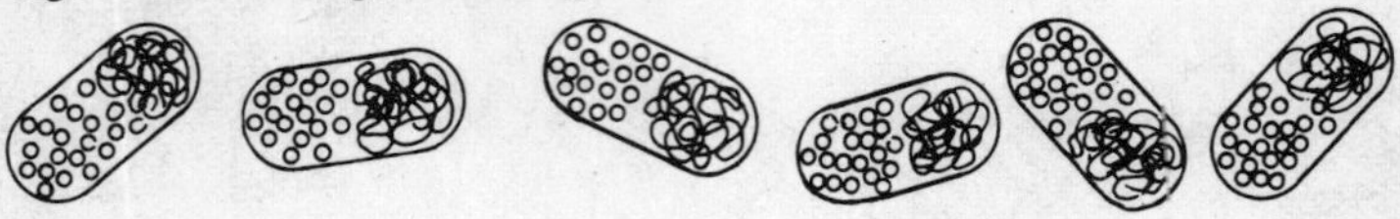

Heute gibt es viele Möglichkeiten, DNS-Fragmente zusammenzufügen und sie in großer Zahl herzustellen.

Phagen können auf ähnliche Weise manipuliert werden.

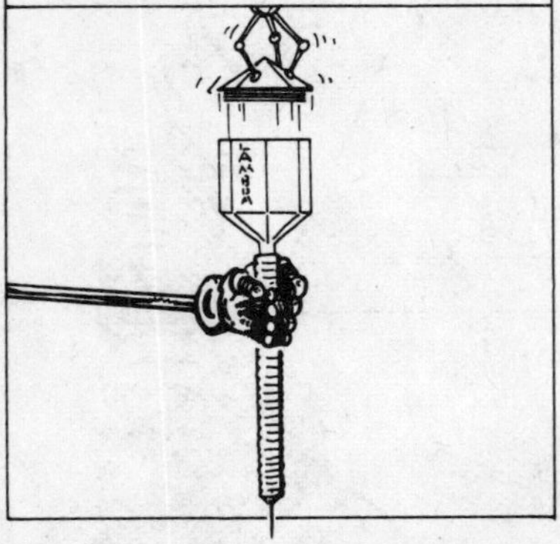

Wir können **Fremd-DNS** in Viren-DNS einbauen.

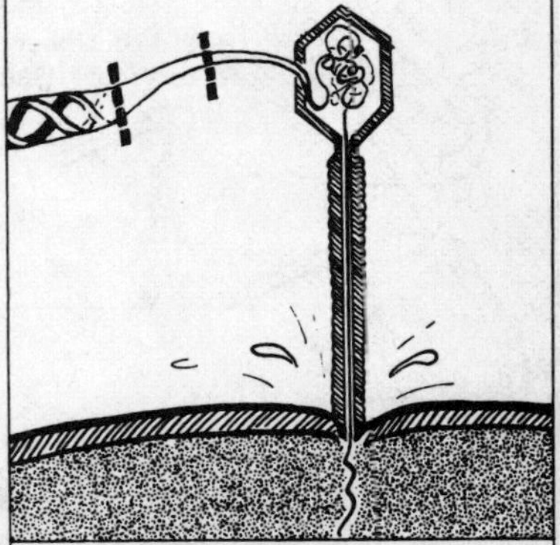

Die gewonnene rekombinante DNS kann nun mit Hilfe von «Packextrakten» wieder zu biologisch aktiven Virusstrukturen zusammengebaut werden.

Diese können eine große Bakterienkultur infizieren und ungeheure Mengen von Viren und viele Kopien unseres Fremdfragmentes herstellen.

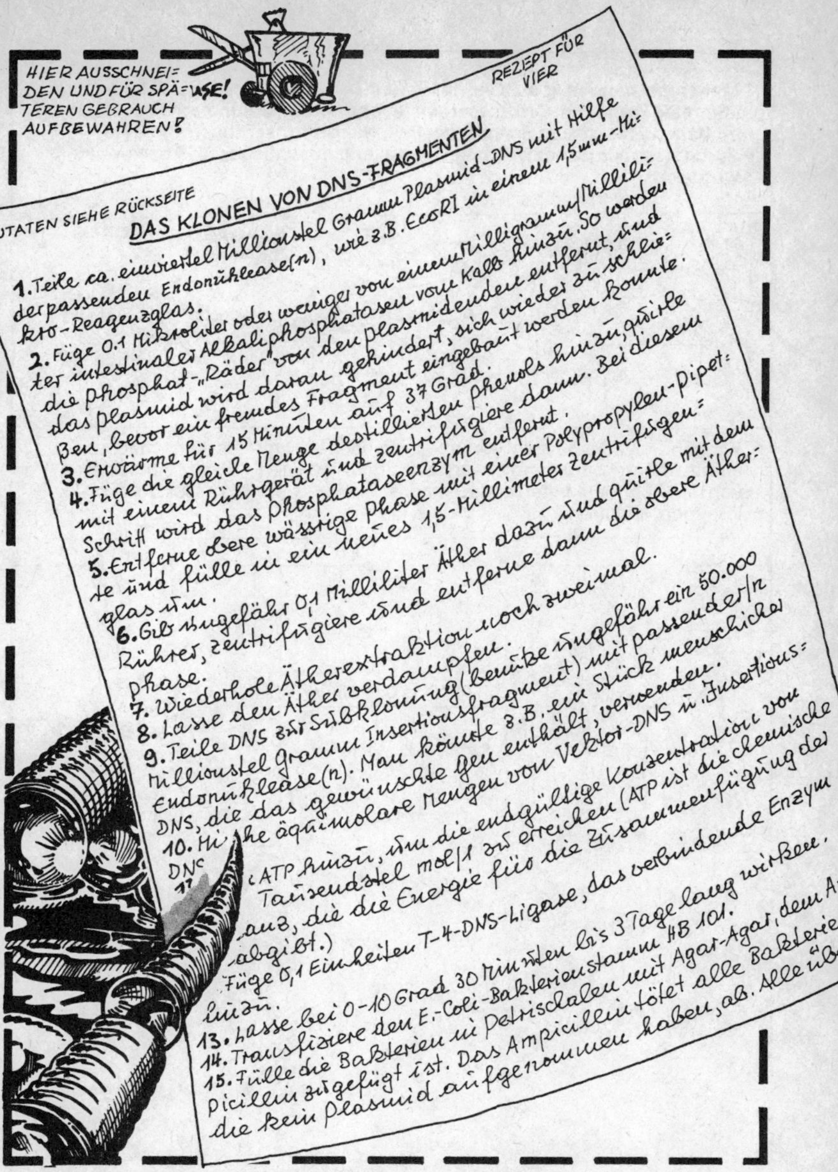

Hier ist es!!! **Kostenlos mit diesem Buch!!!**
Dein eigenes Rezept zur Klonung von DNS-Fragmenten (mit Erläuterungen). Das Rezept zur Klonung von Menschen folgt in der 37. erweiterten Neuauflage dieses Buches.

Manchmal handelt es sich bei der Fremd-DNS um ein reines, genau bestimmtes Fragment. Oft müssen wir jedoch eine Mischung von Fragmenten einbauen. Das ist zum Beispiel der Fall, wenn die Insertionsfragmente durch Restriktionsenzymspaltung **ganzer menschlicher DNS** gewonnen wurden.

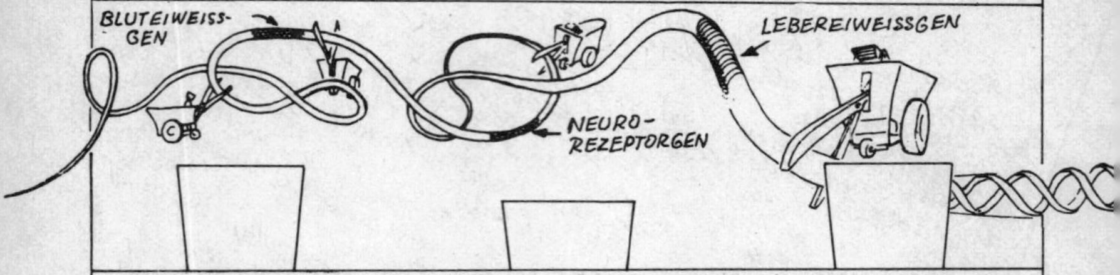

Wir könnten zum Beispiel vorhaben, ein ganz bestimmtes menschliches Gen zu identifizieren und zu vervielfältigen. In diesem Fall müssen wir es von den Zehntausenden anderer menschlicher Gene, die in der DNS vorkommen, isolieren.

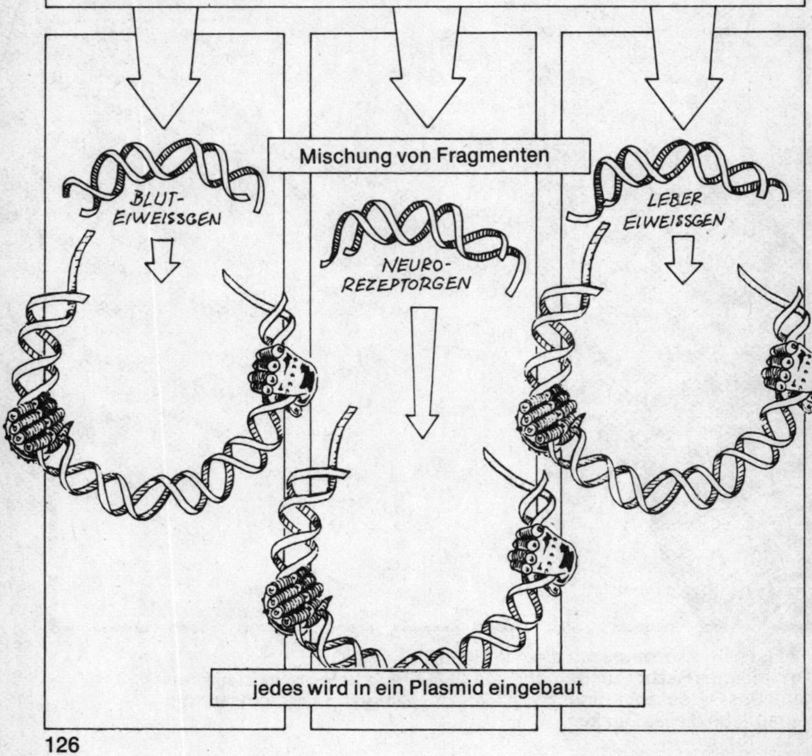

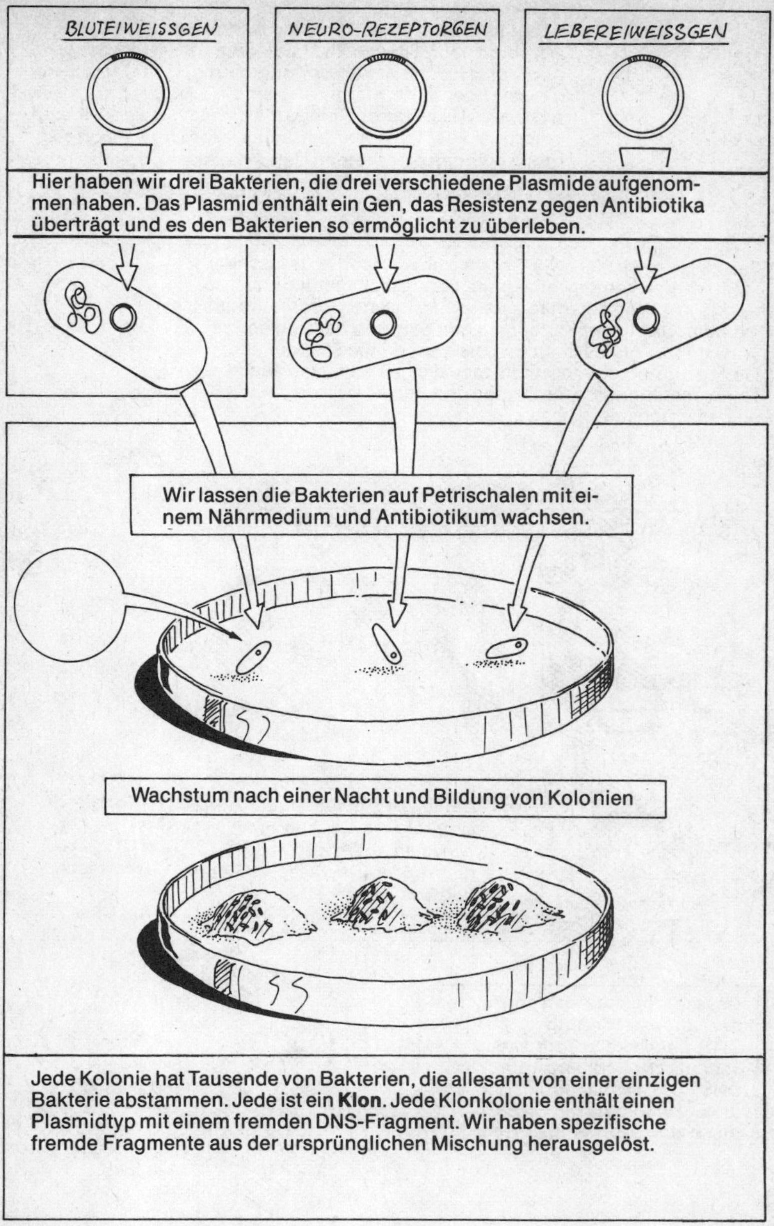
BLUTEIWEISSGEN
NEURO-REZEPTORGEN
LEBEREIWEISSGEN
Hier haben wir drei Bakterien, die drei verschiedene Plasmide aufgenommen haben. Das Plasmid enthält ein Gen, das Resistenz gegen Antibiotika überträgt und es den Bakterien so ermöglicht zu überleben.
Wir lassen die Bakterien auf Petrischalen mit einem Nährmedium und Antibiotikum wachsen.
Wachstum nach einer Nacht und Bildung von Kolonien
Jede Kolonie hat Tausende von Bakterien, die allesamt von einer einzigen Bakterie abstammen. Jede ist ein **Klon**. Jede Klonkolonie enthält einen Plasmidtyp mit einem fremden DNS-Fragment. Wir haben spezifische fremde Fragmente aus der ursprünglichen Mischung herausgelöst.

KLONUNG

Alle Plasmide in einer Bakterienkolonie stammen von einem einzigen «Eltern»-Plasmid – dem DNS-Ring, der ursprünglich in das Bakterium eingedrungen war – ab. Sie sind alle identisch: Klone. Ein fremdes DNS-Fragment, das auf diese Weise, durch Einbau in ein Plasmid, vervielfältigt wurde, ist «geklont» worden. Durch Klonung können also große Mengen eines reinen Gens, das normalerweise nur in winzigen Mengen in der Zelle vorkommt, hergestellt werden.

Jetzt wissen wir also, wie Gene durch Klonung reichlich hergestellt werden können, aber immer noch nicht genau, wozu so ein kleines Ding eigentlich gut ist. Die meisten Informationen in einem Gen liegen in der genauen Sequenz der Nukleotide verborgen. Folglich liegt es nahe, die genaue Struktur der Gene zu untersuchen, indem man diese Sequenzen analysiert. Daran machten sich die Damen und Herren Wissenschaftler also als nächstes.

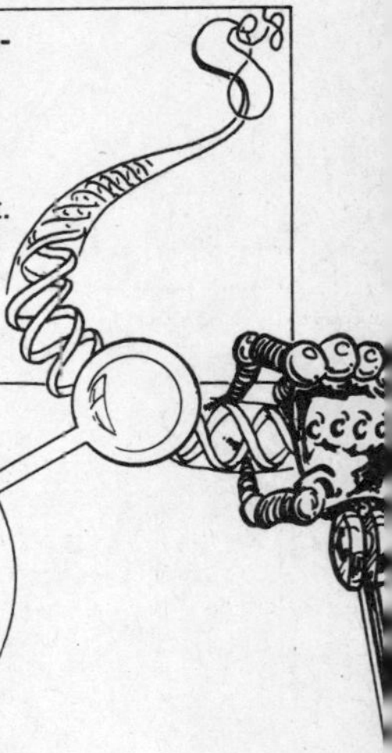

Der große Meistersequenzierer Fred Sanger, der sich schon mit seiner Analyse des Insulins hervorgetan hatte, wandte sich 1965 der DNS-Sequenzierung, d. h. der Bestimmung der Basenfolge, zu.

Unerschrocken, auch angesichts der Herausforderung durch die DNS, entwickelte Sanger eine Technik zur Sequenzierung der DNS, die sich die Klontechnik und die Enzymologie der DNS-Synthese zunutze machte.

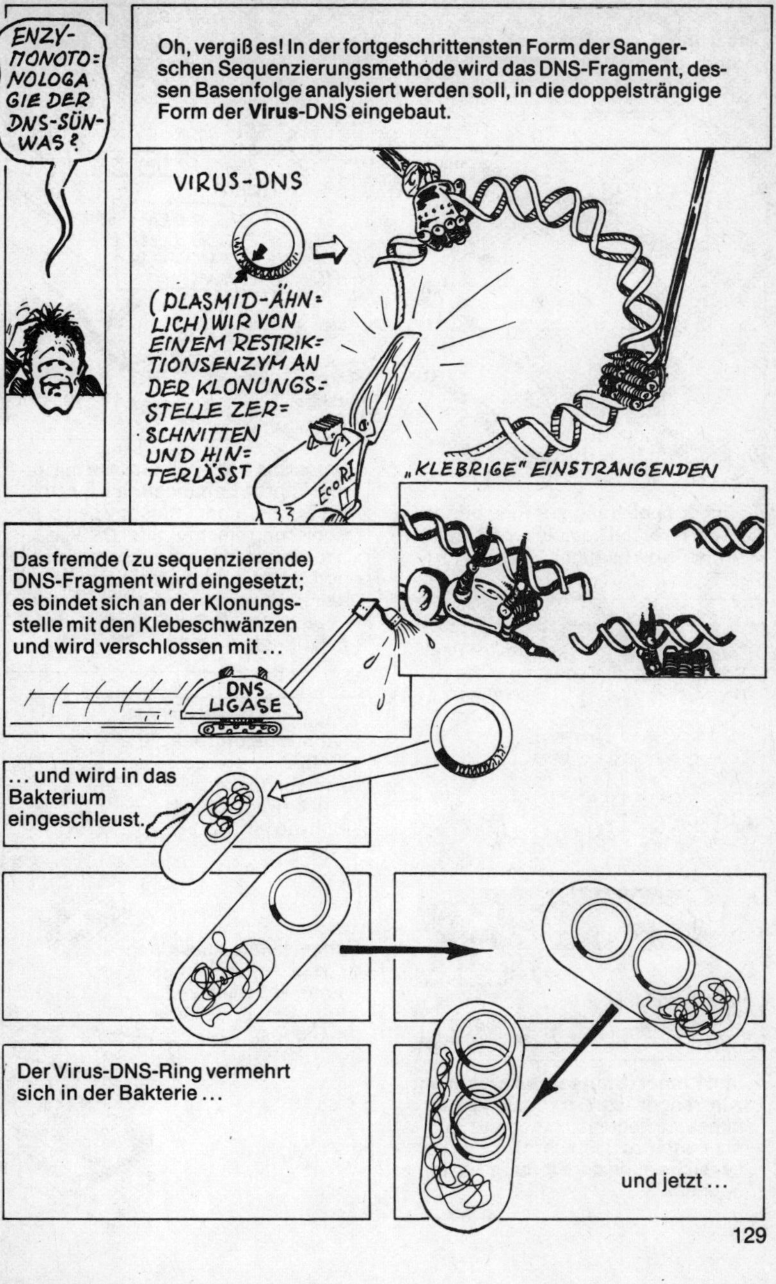
ENZY-
MONOTO=
NOLOGA
GIE DER
DNS-SÜN-
WAS?
Oh, vergiß es! In der fortgeschrittensten Form der Sangerschen Sequenzierungsmethode wird das DNS-Fragment, dessen Basenfolge analysiert werden soll, in die doppelsträngige Form der **Virus**-DNS eingebaut.
VIRUS-DNS
(PLASMID-ÄHNLICH) WIR VON EINEM RESTRIKTIONSENZYM AN DER KLONUNGSSTELLE ZERSCHNITTEN UND HINTERLÄSST
EcoRI
„KLEBRIGE" EINSTRANGENDEN
Das fremde (zu sequenzierende) DNS-Fragment wird eingesetzt; es bindet sich an der Klonungsstelle mit den Klebeschwänzen und wird verschlossen mit …
DNS LIGASE
… und wird in das Bakterium eingeschleust.
Der Virus-DNS-Ring vermehrt sich in der Bakterie …
und jetzt …

Jetzt findet in der Bakterie eine merkwürdige Geburt statt:

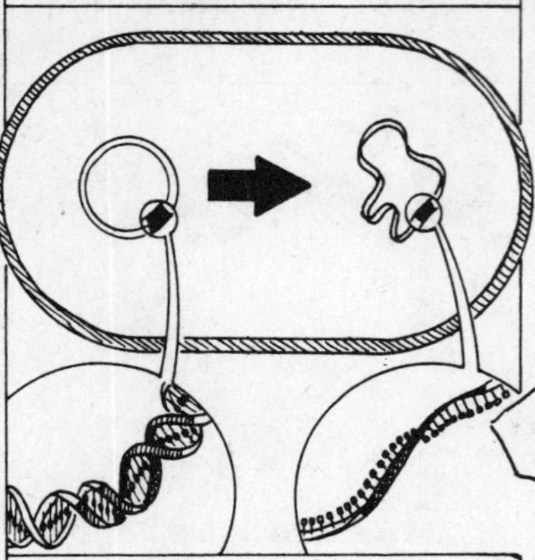

Ein doppelsträngiger Ring bringt – durch einen komplexen Prozeß – einen einsträngigen Ring hervor!

Die einsträngige DNS wird aus dem Bakterium isoliert und ein kurzes DNS-Stück, das 15 Basen lang ist

und **Primer (Startsequenz)** genannt wird, angesetzt. Der Primer verfügt über eine Sequenz, die genau komplementär zu dem Einzelstrang ist, der sich neben der Klonungsstelle befindet.

Das ist die **DNS-Polymerase** mit ihrem Fahrer. Es handelt sich hier um ein Sondermodell, das speziell zur Kopierung einsträngiger DNS gebaut wurde, doch braucht es einen doppelsträngigen Startplatz. Aber dazu haben wir ja extra den Primer gebaut, der ein Stück der DNS doppelsträngig macht.

Zur Erinnerung sei noch einmal betont, daß die DNS-Polymerase immer von vielen normalen DNS-Basenwaggons umschwirrt wird.

Sanger lieferte diese Waggons, aber auch einige «kettenabschließende Stoppwaggons» (Didesoxytriphosphate).

Dann schickte er die DNS-Polymerase ans Werk, um das Fragment der einzelsträngigen DNS zu kopieren.

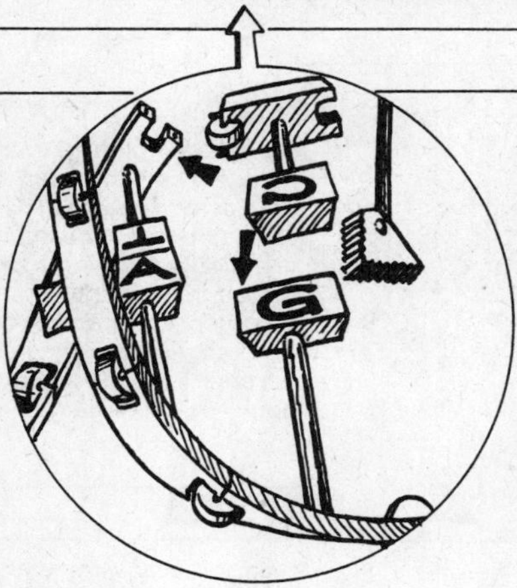

Die DNS-Polymerase macht eine Kopie des Matrizenstranges und verlängert den Primer. Herumschwirrende Basen (A, C, G oder T) koppeln nacheinander an die Basen unter dem Sensor an (nach dem Prinzip der komplementären Basenpaarung, wie wir schon wissen).

Das Phosphatrad der ankommenden Basen paßt genau in den Schlitz des Waggons am Ende des wachsenden Primers.

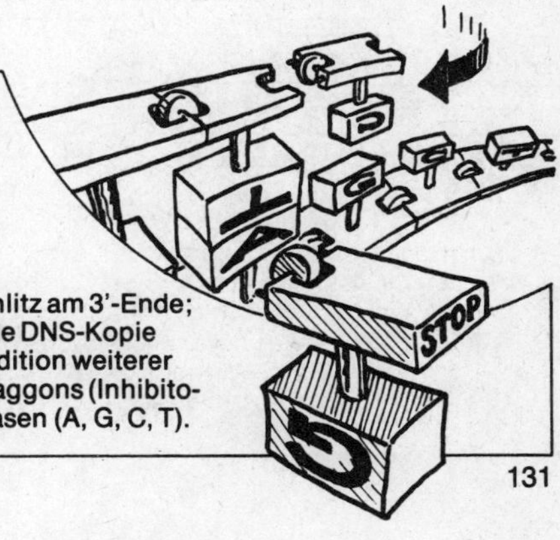

Sangers Stoppwaggon fehlt der Schlitz am 3'-Ende; wird er also zufällig in die wachsende DNS-Kopie aufgenommen, verhindert er die Addition weiterer Basen. Es gibt vier Typen solcher Waggons (Inhibitoren): Sie tragen alle eine der vier Basen (A, G, C, T).

Bei der Verlängerung des Primers fügt die Polymerase je nach Vorgabe auf der Matrize A-, G-, T- oder C-Waggons an die Kette an und bildet neue Basenpaare. Wenn A gebraucht wird, kommt meistens ein normaler Waggon dazu, und die Kette kann noch weiter verlängert werden. Sollte jedoch ein Inhibitor angehängt werden, hat das Kettenwachstum ein Ende. Die DNS-Polymerase macht also DNS-Stückchen, die vom Primer bis zu jeder Position reichen, wo die Regeln der Basenpaarung A-Addition vorschreiben, wenn außer A- keine anderen Inhibitorbasen herumschwirren.

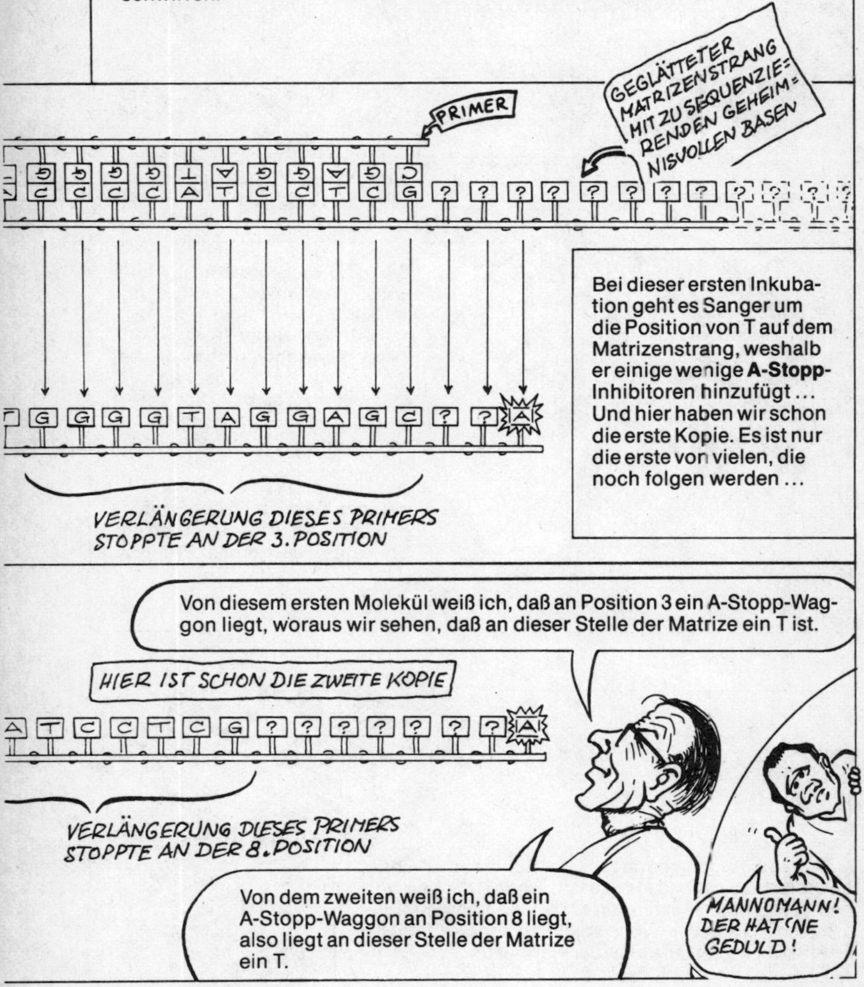

Nachdem ich nun alle Moleküle aus diesem ersten Experiment zusammen habe (wobei mir die Inhibitoren anzeigen, an welchen Positionen des Matrizenstrangs jeweils ein T liegt), kann ich jetzt drei weitere Experimente durchführen, um zu erfahren, wo sich die drei übrigen Basen auf der Matrize befinden.
POSITION AUF EINGESCHLEUSTEM DNS-FRAGMENT
G C T A
C G A T
STOP-INHIBITOR, DER DIE POSITION DIESER BASEN ANZEIGT
WAS UNS FOLGENDE SEQUENZ AUFZEIGT:
POSITION 1 2 3 4 5 6 7 8 9 10 11 12 13 14 15 16 17 18 19 20 21 22 23 24 25
BASE G A T G C C C T G C A A T C A G T G A G G T G C T

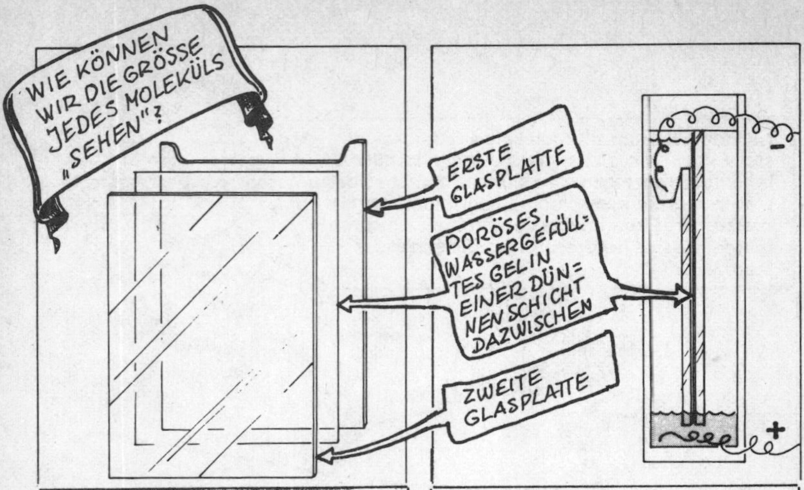

Jetzt können wir die tatsächliche Größe der einzelnen, von der DNS-Polymerase zusammengesetzten Moleküle zwar immer noch nicht messen, doch können wir sie durch einen Stoff filtern, der sie streng nach Größe trennt. Dieser Stoff wird **«Gel»** genannt.

Alle vier Fraktionen (eine für jede Base) werden oben an dem Gel aufgetragen. Das Gel steht in einer «Puffer»-Salzlösung, die elektrischen Strom leitet.

Schickt man nun Strom durch die Lösung, werden die DNS-Moleküle aus jeder Fraktion in Bewegung gebracht – die kurzen in schnelle, die längeren in langsamere. So trennen sie sich nach ihrer Größe und bilden auf dem Gel ein Muster von parallelen Banden.

Das Geniale an Sangers Methode war, daß das Muster direkt interpretiert werden konnte, um die vollständige Genstruktur – 400 Basen in einem einzigen Experiment – aufzudecken.

MEIN KRÖNENDER ERFOLG WAR NATÜR= LICH DIE ENTHÜLLUNG DER STRUKTUR DER LAMB= DAPHAGEN-DNS – UND DIE IST FAST 50.000 BASEN LANG!!!

Die Verbindung der Techniken, die auf den letzten Seiten beschrieben wurden, macht es möglich, eine detaillierte Analyse komplexer DNS-Genomen (Genketten in einer DNS-Doppelhelix) durchzuführen.
SV40
Dieser Virus, der normalerweise Affen infiziert, wurde von Daniel Nathans und seinen Mitarbeitern von der John Hopkins University ganz genau unter die Lupe genommen.
Die erste eukaryontische DNS, die mit den neuen Methoden analysiert wurde, stammte von einem Tierzellenvirus namens SV40.
Wir haben festgestellt, daß Ham Smiths Enzym die DNS von SV40 in elf Hauptteile zertrennt.
Wir haben die Reihenfolge gefunden, in der diese Teile in der intakten DNS arrangiert waren, und haben so die erste physische Karte eines einfachen DNS-Chromosoms gezeichnet.
SCHNIPP!
IMMER RAN!
SV40
β GLOBIN
PAUL BERG WAR AUCH MIT SV 40 BESCHÄFTIGT. SPÄTER WUR= DE ER ÄUSSERST EINFLUSSREICH BEI DER ERFORSCHUNG DER GEN= AKTIVITÄTEN, DIE ER MIT HILFE VERSCHIEDENER TECHNIKEN DES GENETIC ENGINEERING BETRIEB.

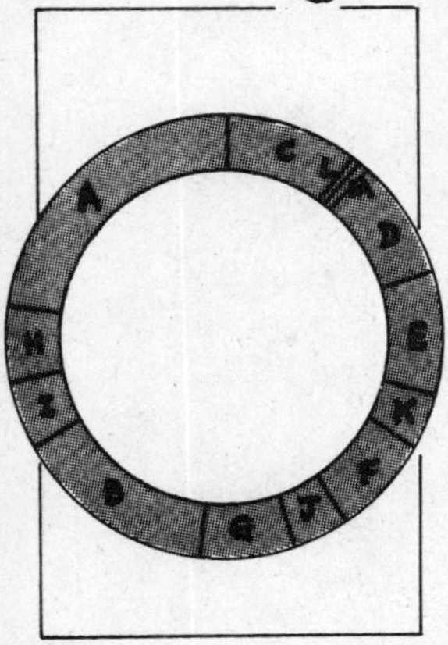

Nachdem die physische Karte einmal gezeichnet war, konnte nun auch eine genetische Karte der DNS von Viren entwickelt werden.

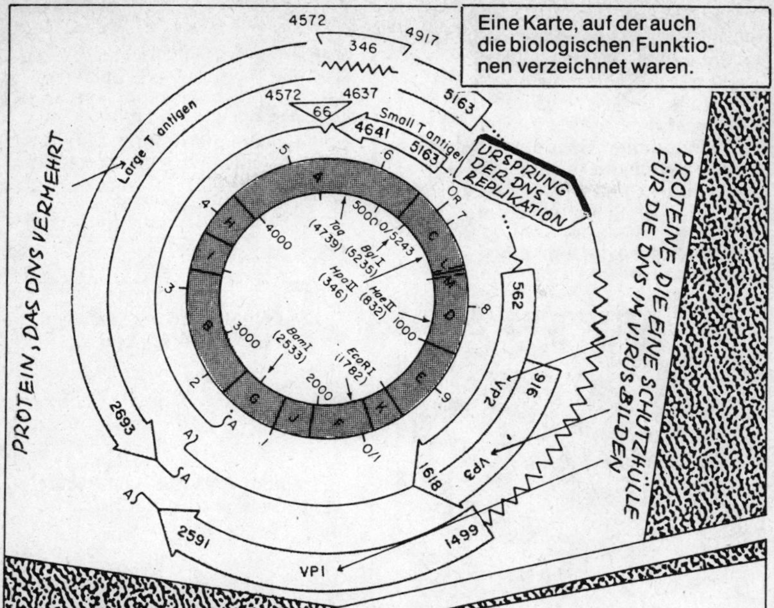

Eine Karte, auf der auch die biologischen Funktionen verzeichnet waren.

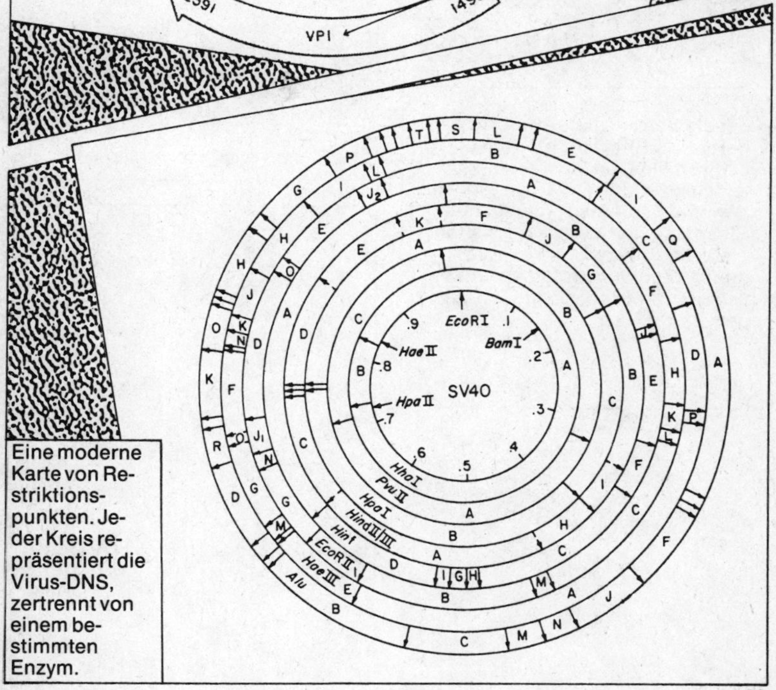

Eine moderne Karte von Restriktionspunkten. Jeder Kreis repräsentiert die Virus-DNS, zertrennt von einem bestimmten Enzym.

Frühe Untersuchungen von Eukaryonten-DNS deckten auf, daß einige DNS-Sequenzen nur einmal pro Zelle vorkamen, während andere mehrfach auftraten. Einige der oft wiederholten Sequenzen hatten wahrscheinlich eher eine strukturelle Funktion zu erfüllen und waren keine Informationsträger. Die Codesequenzen der Gene gehörten in die **«Klasse der einmaligen Sequenzen»**.

Für die Genaktivitäten waren die m-RNS und ihre Vorboten am bedeutsamsten. Und hier war der Unterschied zu den Bakterien wirklich gewaltig. Die ersten untersuchten RNS stammten von spezialisierten Tierzellen, die zwar nur eine begrenzte Zahl von Proteinen synthetisierten, dafür aber in großen Mengen.

Man wußte auch etwas über die RNS von Tierzellen. Wie Bakterien verfügten Tierzellen über: **messenger-RNS** (der Zug, der den Transport der codierten Information von der RNS-Polymerase zur Proteinfabrik durchführte) ...

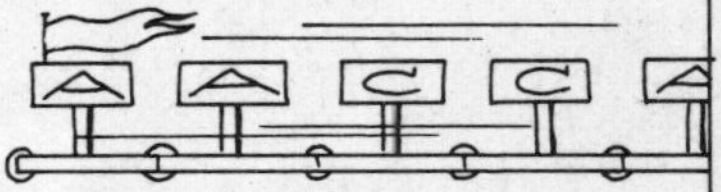

... **ribosomale RNS** (aus der die Proteinfabrik besteht) und ...

... **transfer-RNS** (die Aminosäuren zur Proteinfabrik schafft).

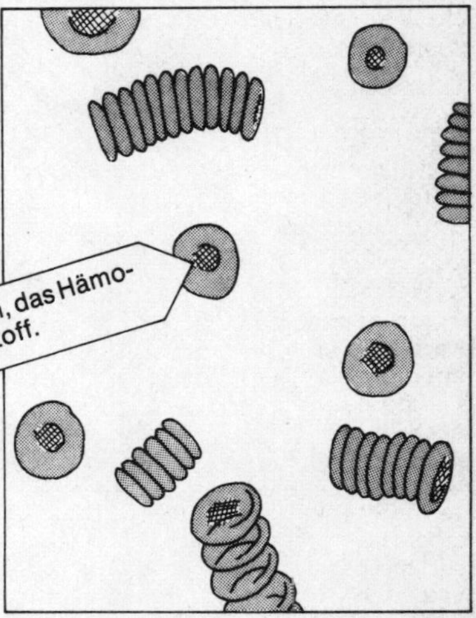

Ein Beispiel ist das rote Blutkörperchen, das Hämoglobin enthält, den Träger von Sauerstoff.

Der Proteinbestandteil, Globin, wird von einer m-RNS übersetzt (Translation), die in großer Menge in roten Blutkörperchen vorkommt und leicht zu isolieren ist.

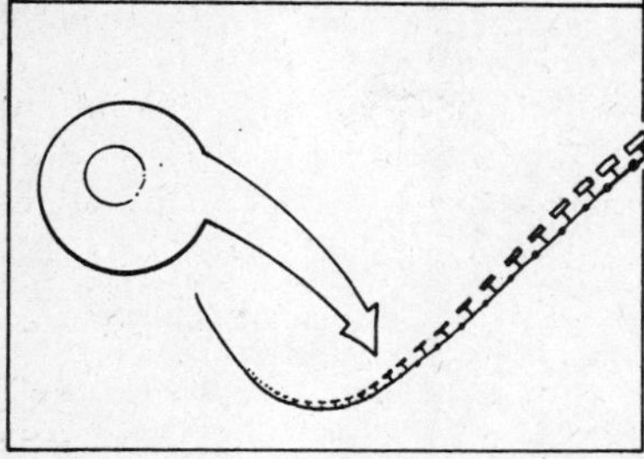

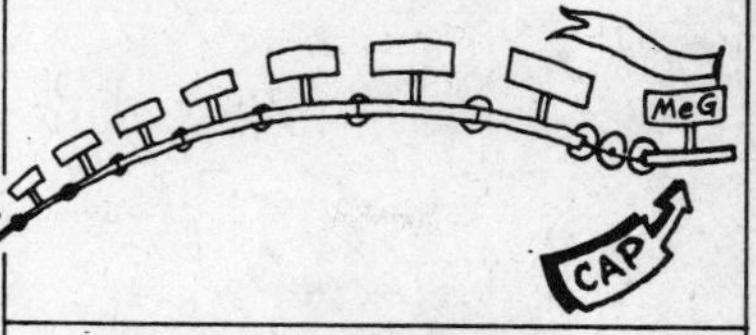

Eine chemische Analyse der Globin-m-RNS und auch anderer Typen von m-RNS zeigte, daß diese Moleküle unerwartete Modifikationen aufwiesen, die in bakterieller m-RNS nicht vorkamen.

Am 5'-Ende hatten sie eine noch nie gesehene «verkehrte G-Base», **Cap** (Kappe) genannt. Und am 3'-Ende hatten sie eine lange Reihe von A's, bis zu 200, genannt «Poly-A-Schwanz».

In der DNS gibt es kein Äquivalent zum Poly-A-Schwanz oder der Cap, und auch der m-RNS werden sie erst durch spezielle Mechanismen nach der Transkription hinzugefügt.

Die messenger-RNS entstand aus RNS des Zellkerns (nukleare RNS), aber wie?

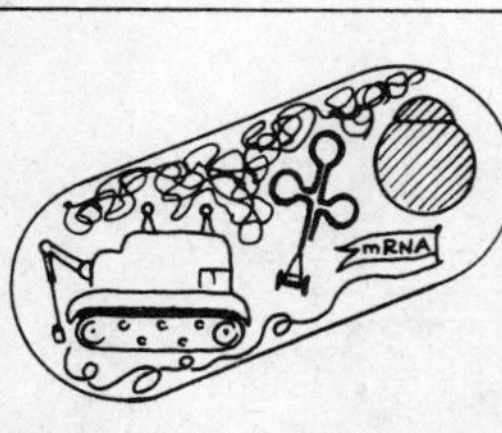

Bei Bakterien ist die m-RNS die direkte Abschrift der DNS auf die RNS.

Doch die Eukaryonten-Forscher fragten:

In welchem Verhältnis steht die m-RNS zu den Primärtranskripten, wie sie zunächst im Zellkern angefertigt wurden?

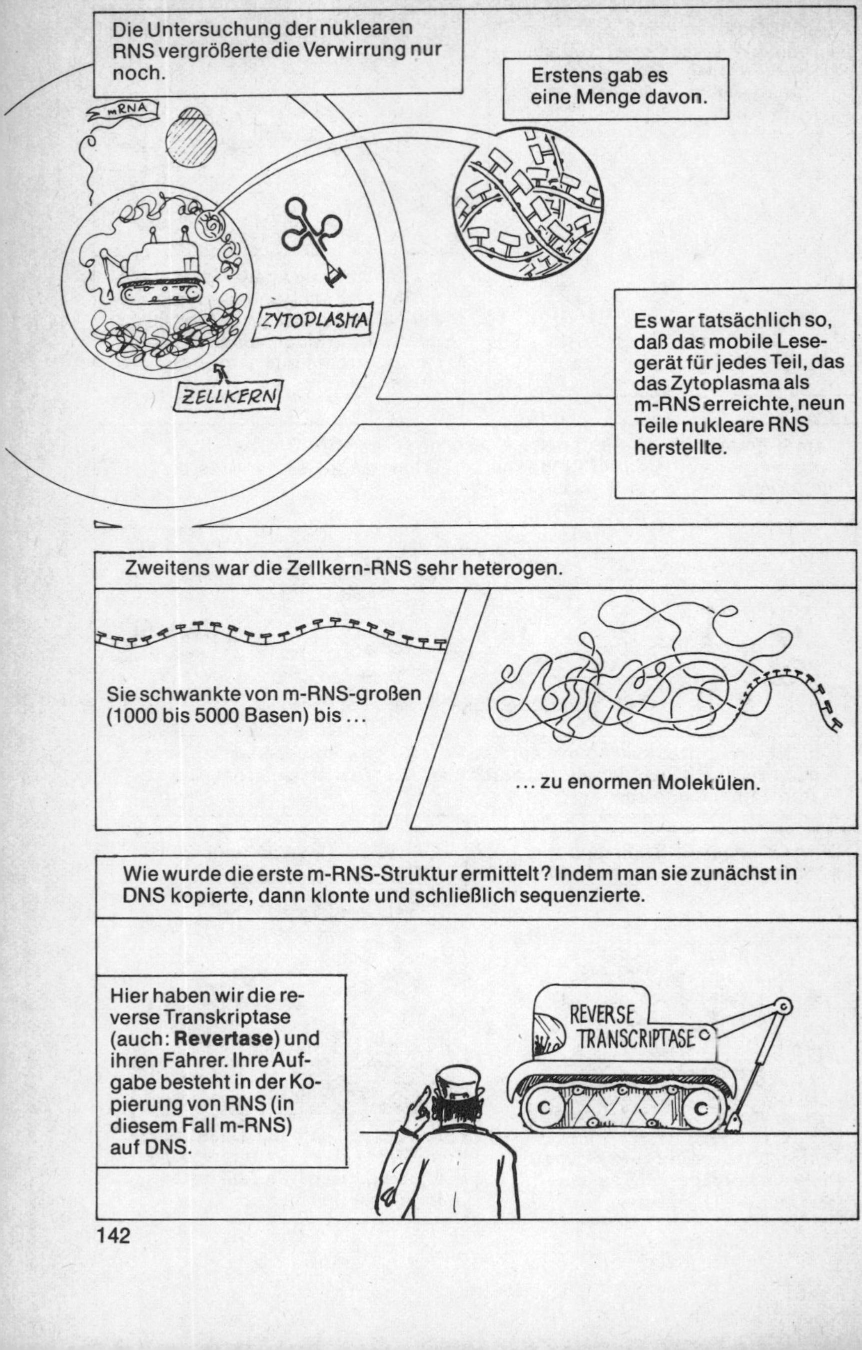

Die Untersuchung der nuklearen RNS vergrößerte die Verwirrung nur noch.
Erstens gab es eine Menge davon.
mRNA
ZYTOPLASMA
ZELLKERN
Es war tatsächlich so, daß das mobile Lesegerät für jedes Teil, das das Zytoplasma als m-RNS erreichte, neun Teile nukleare RNS herstellte.
Zweitens war die Zellkern-RNS sehr heterogen.
Sie schwankte von m-RNS-großen (1000 bis 5000 Basen) bis …
… zu enormen Molekülen.
Wie wurde die erste m-RNS-Struktur ermittelt? Indem man sie zunächst in DNS kopierte, dann klonte und schließlich sequenzierte.
Hier haben wir die reverse Transkriptase (auch: **Revertase**) und ihren Fahrer. Ihre Aufgabe besteht in der Kopierung von RNS (in diesem Fall m-RNS) auf DNS.
REVERSE TRANSCRIPTASE

In den ersten Experimenten machte die Revertase Kopien von m-RNS …

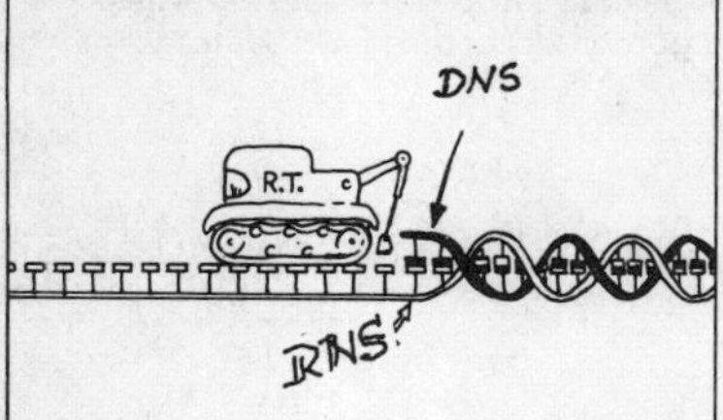

Diese m-RNS-Kopie wurde in eine DNS-Doppelhelix umgeformt.

Und zwar so:

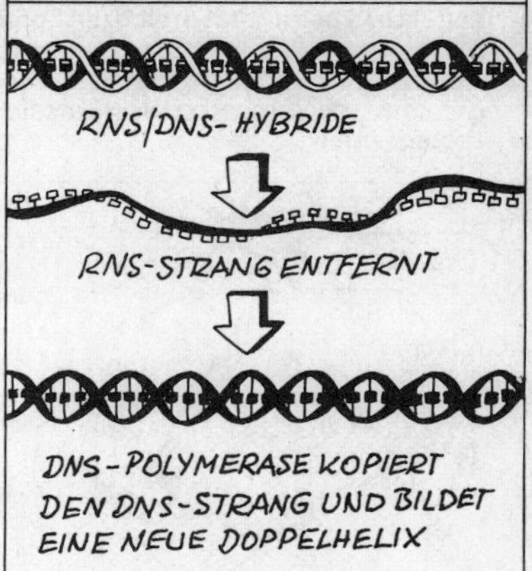

Die resultierende doppelsträngige DNS ist geklont. Durch Sequenzierung dieser Klone bekamen die Wissenschaftler die komplette Struktur der Globin-m-RNS schnell heraus.

Das erreichte man durch eine neuartige Anwendung der Hybridzellenzüchtung, bei der die m-RNS gezwungen wurde, Basenpaare mit ihrer Matrizen-DNS zu bilden.

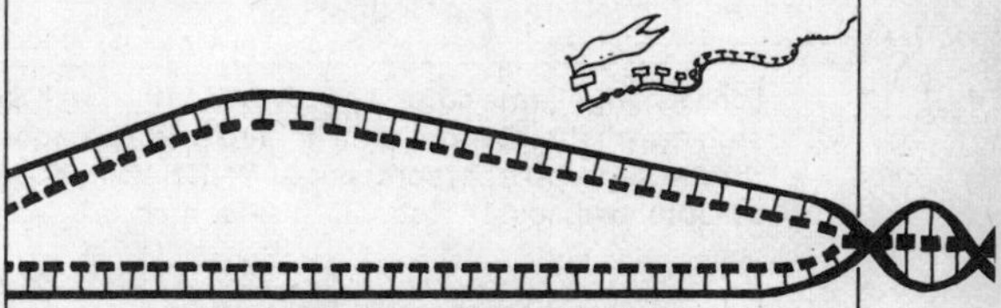

Die Doppelhelix wird getrennt.

Was sie erwarteten vorzufinden:

Ein Strang geht eine Verbindung mit seiner m-RNS ein.

Die nächste Aufgabe bestand darin, das Gen zu untersuchen, von dem die Botschaft (message) kopiert worden war.

Diesen Bastard aus messenger-RNS und einem Matrizenstrang genomischer DNS betrachteten sich die Forscher nun interessiert unter einem Elektronenmikroskop – und es war ein unerwarteter Anblick: Sie sahen **keinen** dicken, doppelsträngigen Hybriden aus RNS und DNS – **Heteroduplex** genannt – mit dünneren DNS-Einzelsträngen, die über die m-RNS hinausragten – nein …

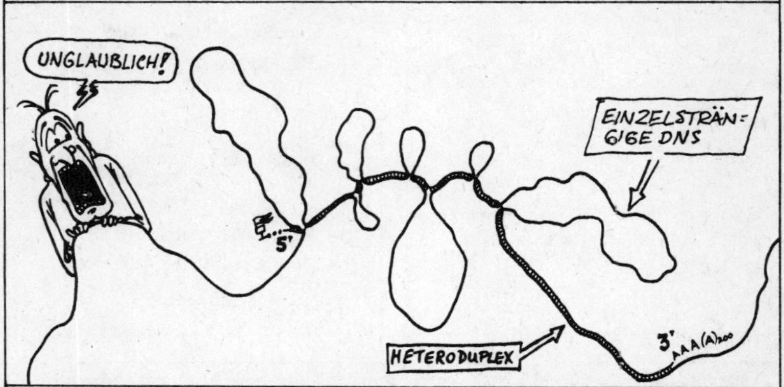

… sie sahen ein viel komplexeres Muster: Auf Doppelstränge folgten Einzelstränge – so weit, so erwartet. Aber dann ging's weiter, und es kamen wieder ein Doppelstrang und ein DNS-Einzelstrang und wieder ein Doppelstrang und ein Einzel- und ein Doppel und …

Die DNS der Gene schien aus Abschnitten zu bestehen, die sich durch das Genom erstreckten und zwischendrin Stückchen von überschüssiger DNS hatten. Sehen wir uns beispielsweise das Beta-Globin-Gen an:

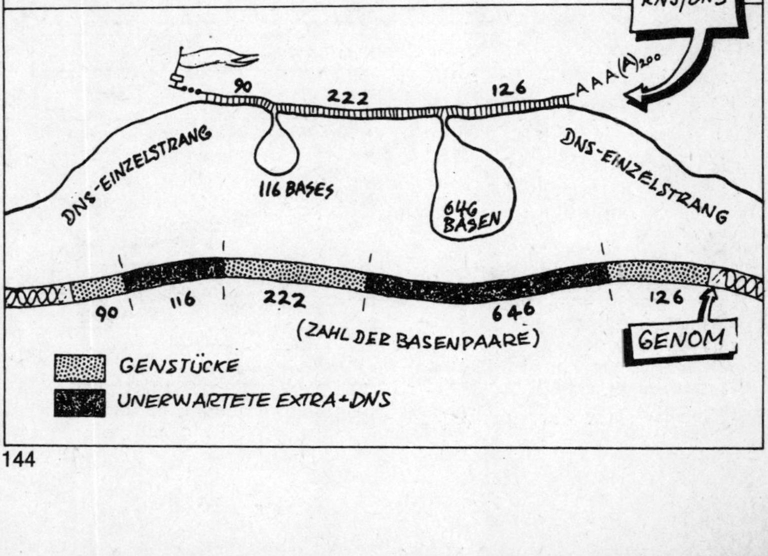

Diese Entdeckung wurde bei der Untersuchung der m-RNS des Adenovirus gemacht und schon bald durch zellulare Gene bestätigt. Das Globingen der roten Blutkörperchen bestand aus drei Stücken mit zwei überschüssigen Teilen unerklärlicherweise innerhalb des Gens!

Das Gen hatte sich einmal mehr als geheimnisvoll und voller Überraschungen erwiesen ...

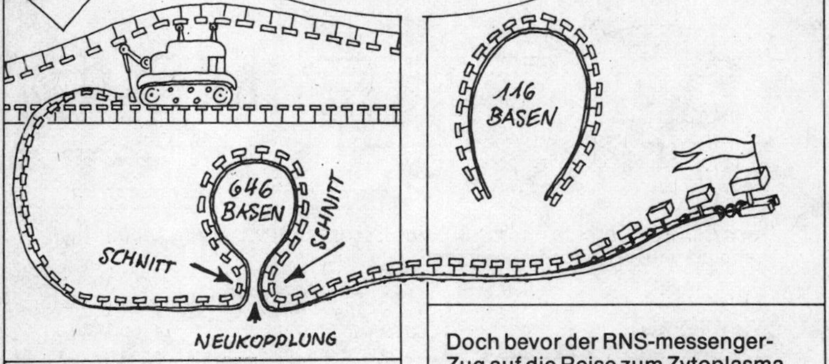

Extrateile der DNS fanden sich sowohl in Virusgenen als auch in den Genen des Globin, und sie wurden tatsächlich auf die prä-m-RNS umgeschrieben.

Doch bevor der RNS-messenger-Zug auf die Reise zum Zytoplasma zur Translation geschickt wurde, wurden die überflüssigen Waggons zu Schleifen zusammengeschoben und abgekoppelt!

Wir können uns die erste Übertragung als ein Manuskript vorstellen, in dem ganze Abschnitte Kauderwelsch sind. Diese Passagen müssen von einem Redakteur rausgestrichen werden, bevor der Text gedruckt werden kann.

Die Reaktion, di~~rehre eetinxso~~e die überflüssigen Sequenzen (**Introns**) entfernt und~~leuiedev~~ die RNS-Sequenzen (Exons) wieder an~~einenschietgenätikvadamtnomal~~derfügt, nennt man **RNS-splicing** (spleißen).

Die Reaktion, die die überflüssigen Sequenzen (Introns) entfernt und die RNS-Sequenzen (Exons) wieder aneinanderfügt, nennt man **RNS-splicing** (spleißen).

Die Existenz gespaltener Gene und das RNS-splicing hatte nun bestimmt niemand erwartet. Aber es bestätigte, daß es bedeutsame Unterschiede zwischen Genen der Prokaryonten und Genen der Eukaryonten gibt.

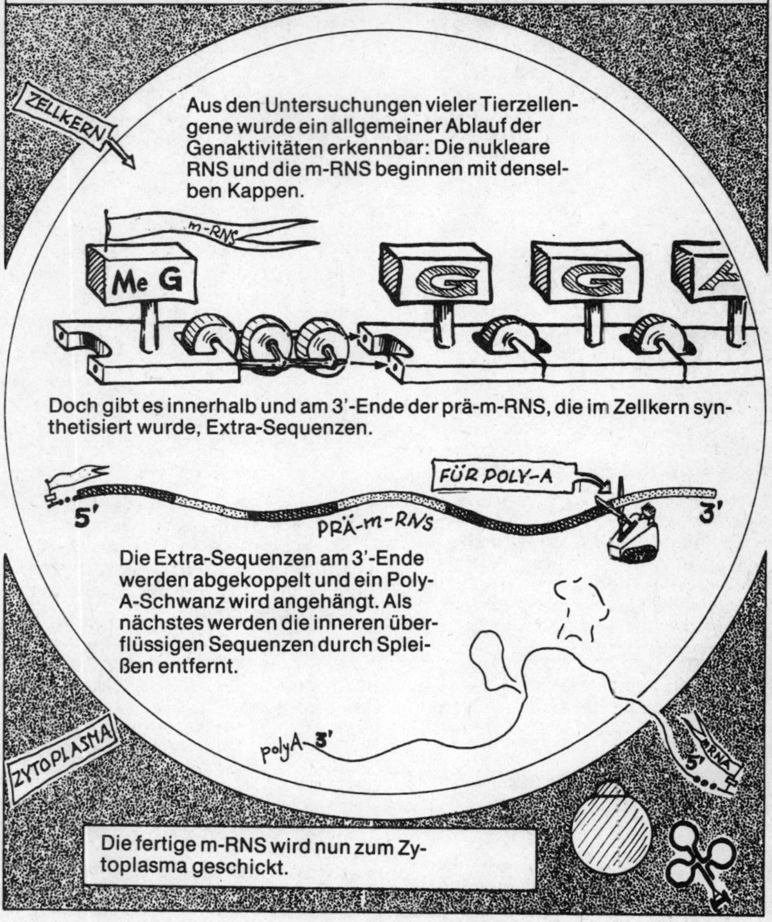

Obwohl dieser Ablauf jetzt erforscht ist, bleiben die Mechanismen, die die Genaktivitäten der Tierzellen regulieren, doch:

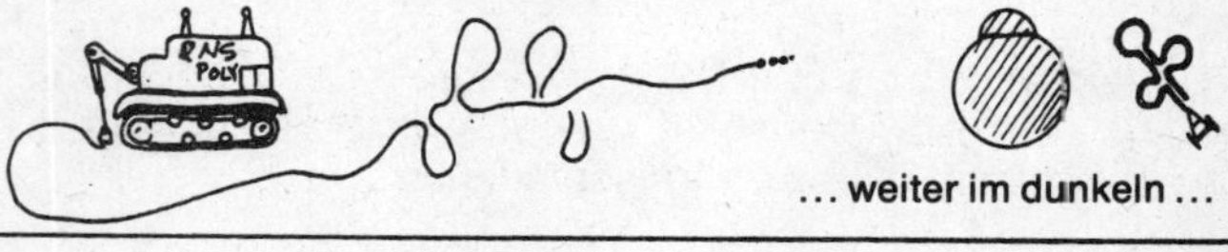

... weiter im dunkeln ...

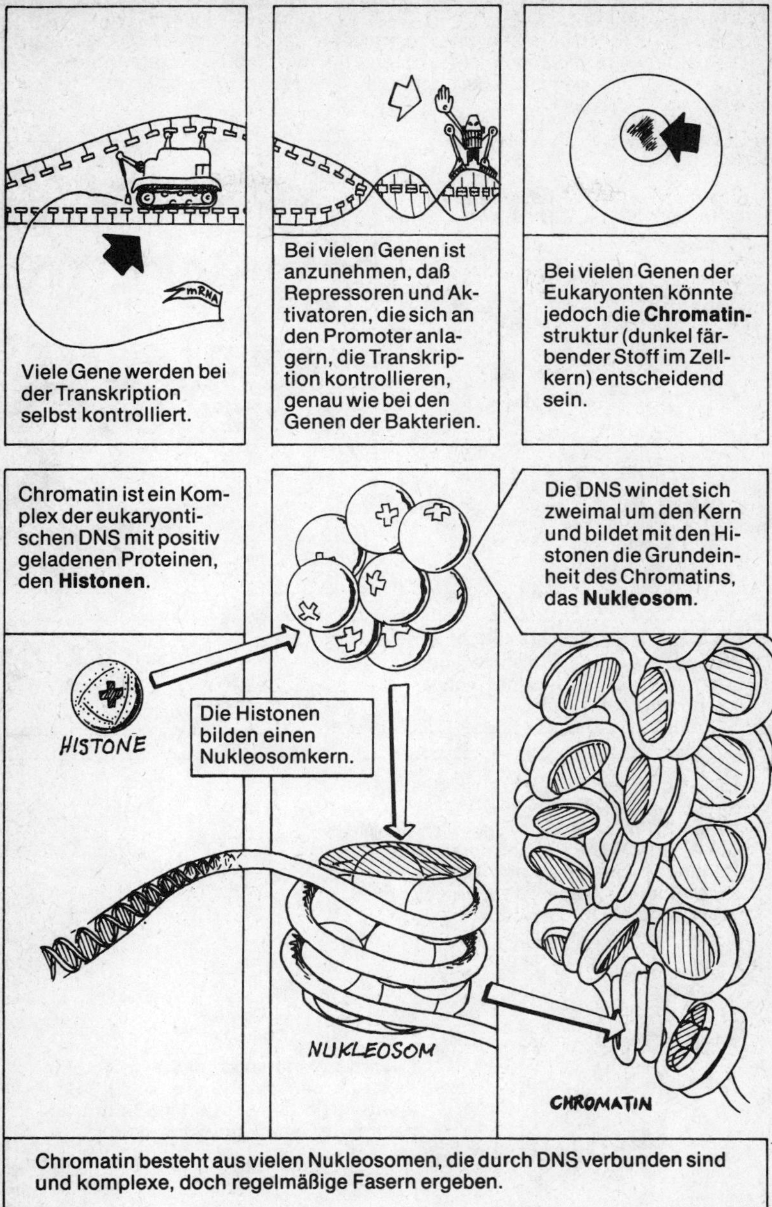
mRNA
Viele Gene werden bei der Transkription selbst kontrolliert.
Bei vielen Genen ist anzunehmen, daß Repressoren und Aktivatoren, die sich an den Promoter anlagern, die Transkription kontrollieren, genau wie bei den Genen der Bakterien.
Bei vielen Genen der Eukaryonten könnte jedoch die **Chromatin**struktur (dunkel färbender Stoff im Zellkern) entscheidend sein.
Chromatin ist ein Komplex der eukaryontischen DNS mit positiv geladenen Proteinen, den **Histonen**.
HISTONE
Die Histonen bilden einen Nukleosomkern.
Die DNS windet sich zweimal um den Kern und bildet mit den Histonen die Grundeinheit des Chromatins, das **Nukleosom**.
NUKLEOSOM
CHROMATIN
Chromatin besteht aus vielen Nukleosomen, die durch DNS verbunden sind und komplexe, doch regelmäßige Fasern ergeben.

Die Struktur des Chromatin ist je nach der Aktivität des Gens unterschiedlich. Offene Chromatingebilde sind bereit zur Transkription, während inaktives Chromatin gegenüber seiner Umgebung geschlossen und kompakt ist.

Alex Rich vom M. I. T. hat eine neue Form der DNS, die **Z-DNS**, entdeckt ...

... die aus einer linksgewundenen Doppelhelix besteht.

Die A- und B-Formen der DNS, die Watson, Crick, Franklin und Wilkins untersuchten, waren immer rechtsgewunden.

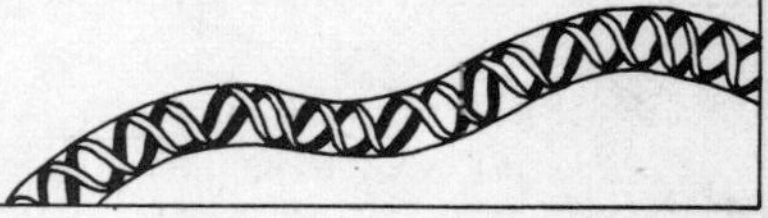

Die Z-Form der DNS dreht sich linksrum in einer Zickzack-Spirale, wie sie unten zu sehen ist (im Gegensatz zur glatten Spirale der A- und der B-Form), die torsionale Spannung (Drehspannung) beseitigt. Diese Spannung aber ist vermutlich notwendig für die Transkription.

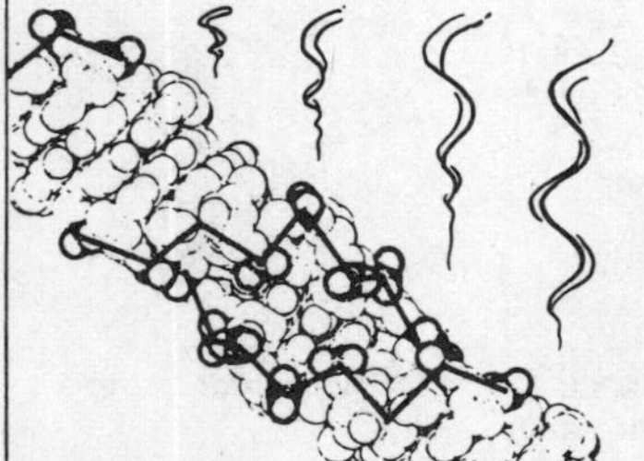

Es wird angenommen, daß beim Chromatin durch die Verdrehung eines DNS-Segments in die linksgewundene Z-Form benachbarte Gene reguliert werden.

Während der Entwicklung werden verschiedene Globinproteine aktiviert: das embryonale, das fötale und schließlich das Erwachsenenglobin. Die Anforderungen des sich entwickelnden Organismus' an den Transport von Sauerstoff verändern sich während des Heranwachsens vom Embryo über den Fötus zum Erwachsenen. Deshalb werden auch unterschiedliche Formen des Sauerstoff transportierenden Proteins Globin produziert. Dies geschieht durch die sukzessive Aktivierung von Genen für:

1. **embryonales** (bis zur 12. Woche)
2. **fötales** (bis zur Geburt)
3. **Erwachsenen**-Globin (von der Geburt an)

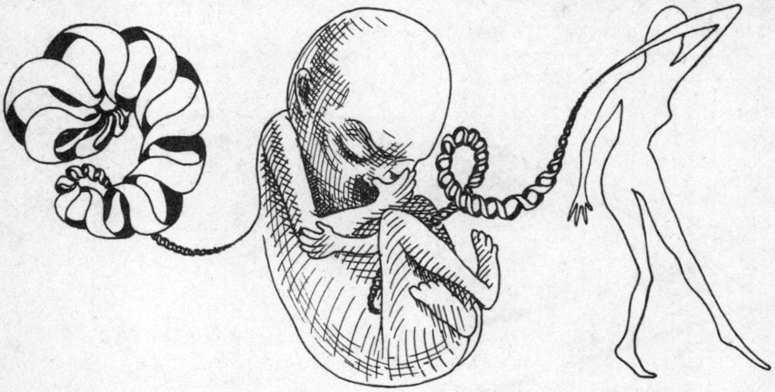

Die Gene für die verschiedenen Globintypen liegen nebeneinander innerhalb einer 40000basigen Region des menschlichen Genoms. Sie bilden eine **Gen-Familie**.

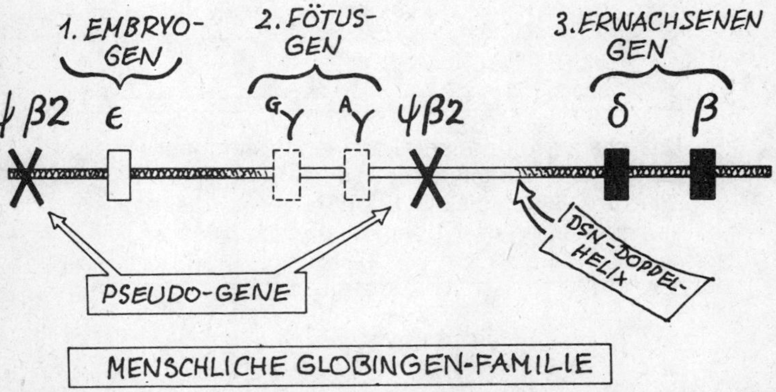

Wir wollen jetzt die Globingene des Menschen vergleichen mit ähnlichen Genen in anderen Primaten (höchstentwickelte Säugetiere).

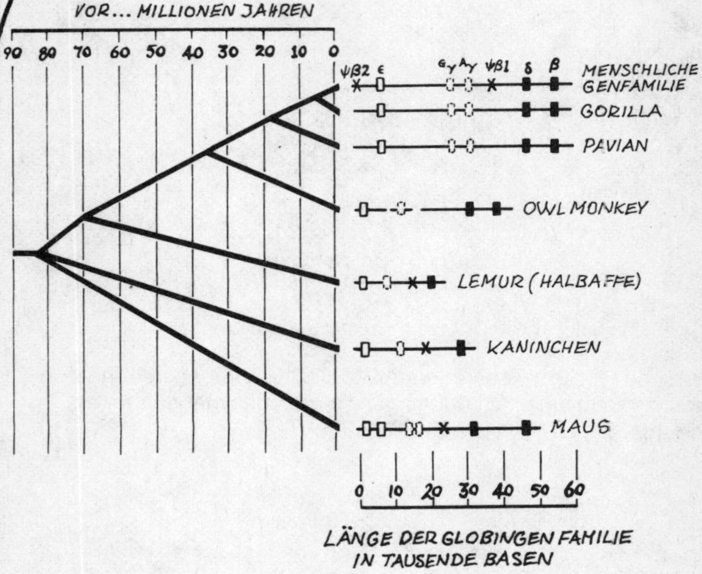

Das ist ein evolutionärer Familien-Stammbaum. Genetische Ähnlichkeiten in der β-Globingen-Familie bestätigen die evolutionäre Verwandtschaft verschiedener Arten über Millionen von Jahren.

Obwohl sich die Embryo-, Fötus- und Erwachsenen-Gene voneinander unterscheiden und spezifischen Stadien der Entwicklung angepaßt sind, zeigen die Nukleotidsequenzen doch, daß sie eng miteinander verwandt sind. Vielleicht hatten sie ein primordiales Gen als gemeinsamen Vorfahren. Verdoppelung dieses primordialen Gens könnte es den einzelnen Kopien gestattet haben, sich zu ihren gegenwärtigen Strukturen zu entwickeln.

Veränderungen in der Chromatinstruktur dieser Globingruppe während der Entwicklung könnten dafür verantwortlich sein, daß das Protein seine Funktion entsprechend dem erreichten Stadium umschaltet. Die Globingruppe besitzt außerdem noch ein heute funktionsloses Globingen, das während der Mutation inaktiviert wurde. Man nennt es ein Globin-Pseudogen.

* DEMNÄCHST IN DIESER REIHE: „KLEINE TOTMÜDE ÜBERSETZER"

Das und die Folgen

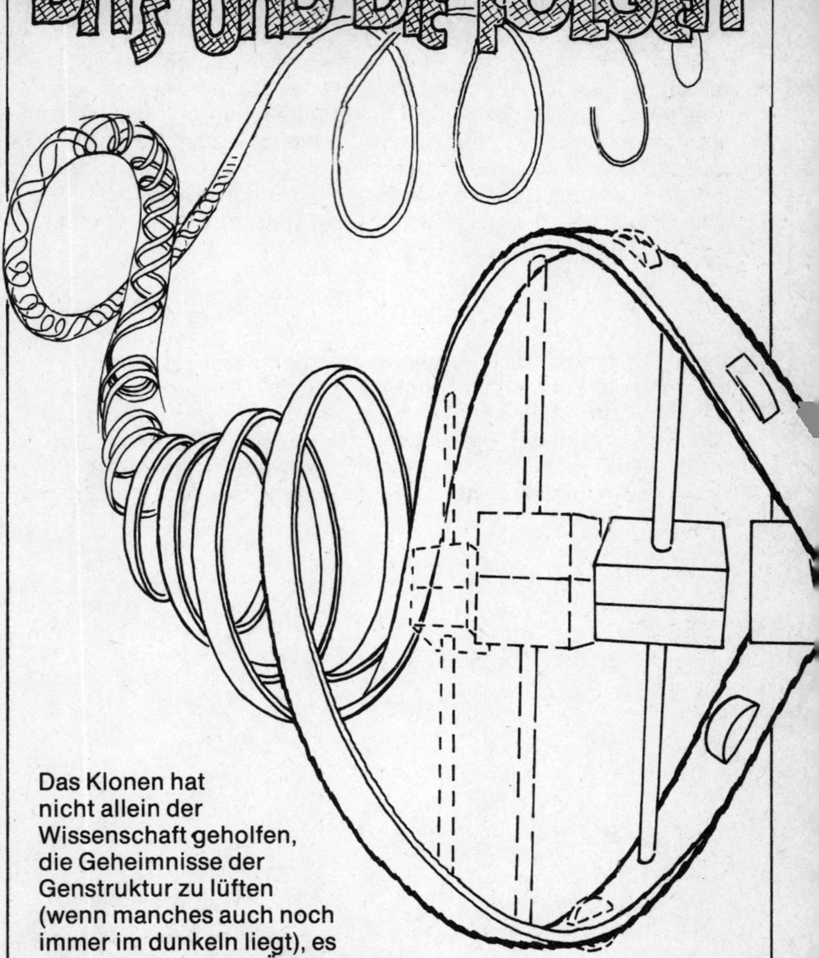

Das Klonen hat nicht allein der Wissenschaft geholfen, die Geheimnisse der Genstruktur zu lüften (wenn manches auch noch immer im dunkeln liegt), es hat bald auch in der Öffentlichkeit Faszination ausgelöst – und später Ängste! Die erste öffentliche Diskussion über den Nutzen und die Gefahren der Genmanipulation kam im Jahre 1973 auf, als sich Wissenschaftler, die sich mit der Genforschung beschäftigten, laut darüber Gedanken machten, welche Bedeutung das Klonen für die Gesellschaft haben könnte.

NUN
DIE
KLON=
SHOW,
LEUTE!
EIN WISSEN=
SCHAFTLER

Worin unterschied sich die Genmanipulation, das Genetic Engineering, von vorherigen Fortschritten der Wissenschaft?
Veränderungen, die durch neue Medikamente oder Operationsmethoden hervorgerufen wurden, berührten nur die Personen, die sich selbst in Behandlung befanden. Die Veränderungen, die durch die Techniken der Genmanipulation hervorgerufen werden, sind vererbbar und werden (wenn sie in der Keimbahn liegen) an nachfolgende Generationen weitergegeben. Sie könnten permanente und nicht nur vorübergehende Auswirkungen auf die Biosphäre (Lebensraum auf der Erde) haben.
Früher gehorchten die Gene nur den Naturgesetzen, die Darwin entdeckte. Jetzt würden sie den Gesetzen der Menschen gehorchen …

Die Biologen erkannten, daß der wahrscheinlichste Effekt einer Reorganisation der DNS wohl wäre, daß – einfach formuliert – ihre Funktion unterbrochen würde. Die Gene haben sich durch Äonen der Selektion, Mutation und natürlicher Experimente entwickelt.
Übertrüge man also menschliche Gene auf Bakterien, würde das wahrscheinlich eher ihre Funktion unterbrechen als eine Gefahr für die Biosphäre bedeuten.

Es blieb jedoch die Sorge, daß ein neuer Rekombinant nicht wünschenswerte Eigenschaften besitzen könnte. Zum Beispiel könnte ein Bakterium, das im Darm des Menschen Insulin synthetisieren würde, den Zuckerstoffwechsel dieser Person aus dem Gleichgewicht bringen.

Mit der Ausrufung eines Moratoriums, einer Denkpause, unterbrachen Wissenschaftler im Jahre 1974 freiwillig gewisse Arten von Klonungsexperimenten. Später verabschiedete die Wissenschaftsgemeinde strenge Leitlinien für das Klonen.

Einige Gruppen – wie «Science for the People», eine Vereinigung linker Wissenschaftler aus der Boston-Cambridge-Gegend – waren gegen diese Leitlinien, weil sie ihrer Meinung nach einen Bruch des Moratoriums bedeuteten.

Andere Gruppen meinten, Experimente sollten ohne jegliche bürokratische Reglementierung durchgeführt werden dürfen, ob es sich nun um ein Moratorium oder um Leitlinien handele. Einige Experimente – wie z. B. die Klonung beliebiger Fragmente von Primaten-DNS – bedürften ohnehin so extrem großen Aufwandes, daß sie im Endeffekt die Möglichkeiten praktisch aller Laboratorien überstiegen.

Als die Frage der rekombinanten DNS von höheren und bürokratischeren Stellen aufgenommen wurde, heizten die örtliche Presse, die Lokalverwaltung und interessierte Wissenschaftler die Diskussion weiter an.

Der Stadtrat von Cambridge, Massachusetts, unternahm den Versuch, Forschung auf dem Gebiet der rekombinanten DNS aus den renommierten Harvard Biological Laboratories zu verbannen.

Ein Kritiker fragte:

Es war ein hartes Ringen zwischen Wissenschaftlern der einen und der anderen Gruppe.

Besonders deutlich wurden die beiden Positionen von Erwin Chargaff und James Watson umrissen, die einst schon in den Cavendish Laboratories zornige und mißtrauische Blicke ausgetauscht hatten.

So sagte Chargaff 1976:

Und Watson sagte 1979:

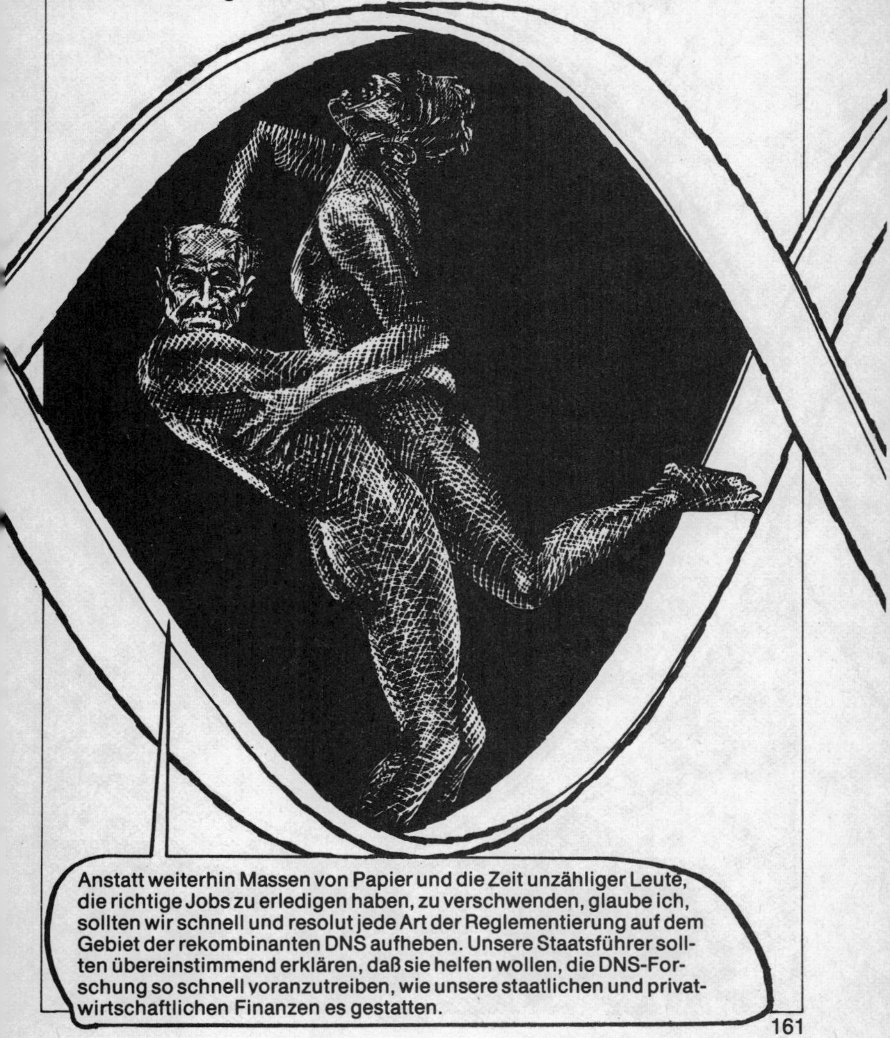

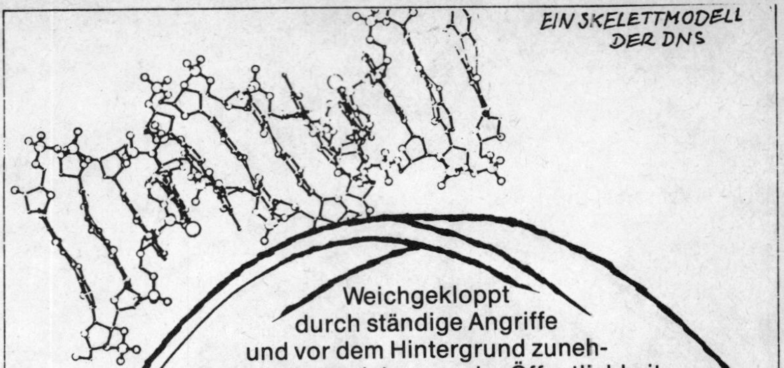

Weichgekloppt durch ständige Angriffe und vor dem Hintergrund zunehmender Verunsicherung der Öffentlichkeit wurden die Leitlinien nach und nach zurückgenommen, und die von der Wissenschaftsgemeinde und der Regierung verfolgte Politik stark eingeschränkter Kontrollen setzte sich durch.

Nachdem jetzt ein Jahrzehnt vergangen ist seit der Einführung der Technik und dem Beginn der Debatte, können die ersten größeren Auswirkungen der Genmanipulation eingeschätzt werden. Noch ist es zu keiner schrecklichen Epidemie gekommen, doch hat das Genetic Engineering großen und wachsenden Einfluß sowohl auf die Wissenschaft als auch auf die Gesellschaft gewonnen.

Wir haben jetzt einen detaillierten Überblick über die molekulare Beschaffenheit der Genstruktur, auf den wir zuvor nicht einmal zu hoffen wagten. Diese neue Information ist für die Biologie von ebenso weitreichender Bedeutung wie die Fotos und Gesteinsproben, die die Astronauten vom Mond mitbrachten, für die Astronomie.

Wir sind jetzt in der Lage, jedes Gen eines jeden Organismus' zu klonen – ob Bakterie, Pflanze oder Tier – und • seine vollständige Struktur zu bestimmen. Wir können das Gen oder seine Kontrollelemente modifizieren, so daß es das Protein unserer Wahl unter vorherbestimmten Bedingungen aktiviert.
Griffith und Avery zeigten uns, wie Gene auf Bakterien übertragen werden. Inzwischen ist sogar die Genübertragung auf Tierzellen, die in Gewebekulturen gezüchtet wurden, oder die Entwicklung von Embryos möglich. Kultivierte Zellen nehmen DNS auf. Einmal in den Zellkern eingedrungen, kann die DNS sich replizieren, sofern ihr ein DNS-Replikationsausgangspunkt angeboten wird. Geklonte Fremdgene in Zellen können vorübergehend aktiviert werden, oder sie können permanent in die Wirts-DNS integriert werden, um eine genetisch modifizierte Zelle herzustellen. Zellen mit integrierten fremden Genen könnten ein neues Protein aktivieren oder neue genetische Eigenschaften haben.
m-RNS
DNS-POLYMERASE
3'

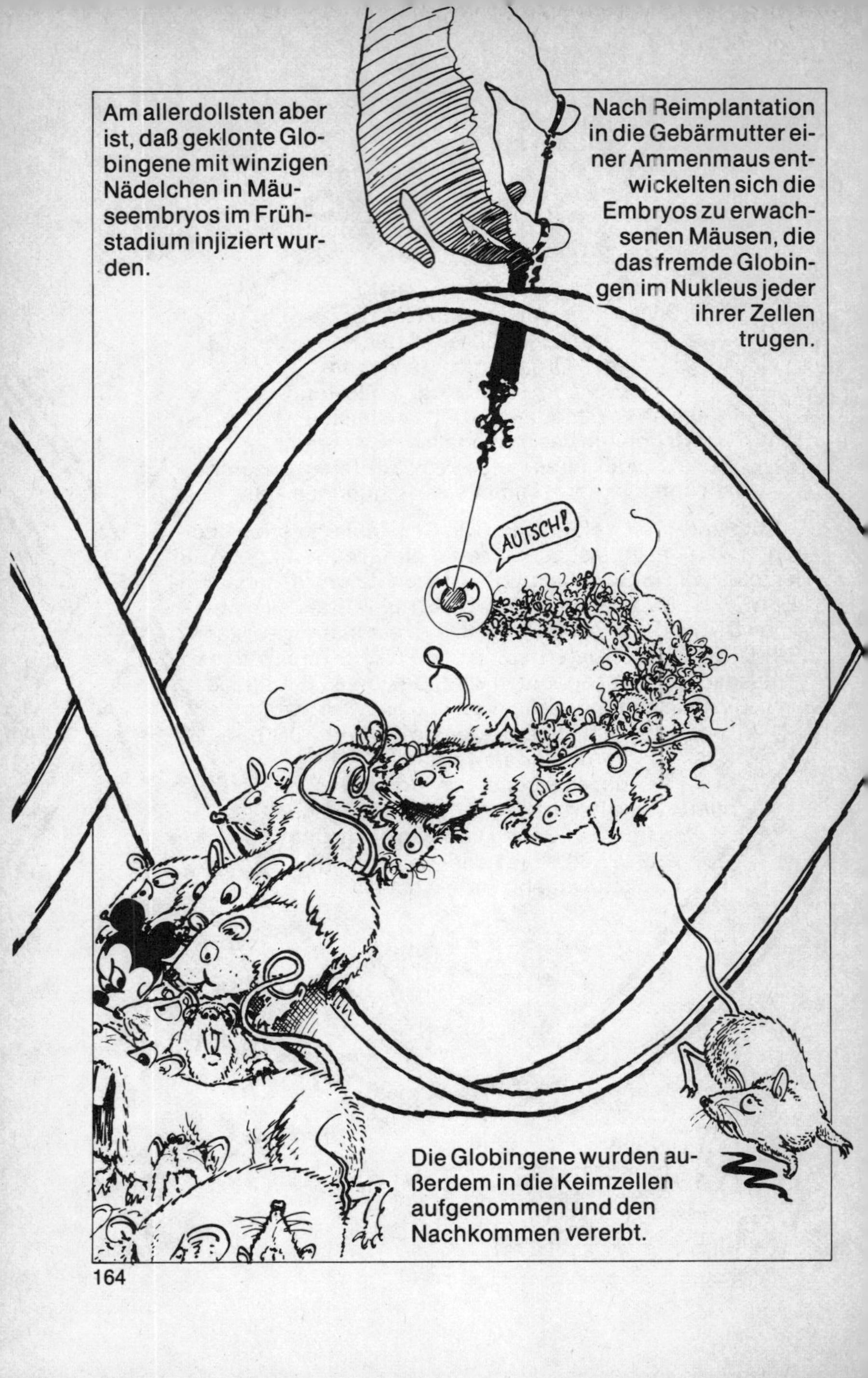
Am allerdollsten aber ist, daß geklonte Globingene mit winzigen Nädelchen in Mäuseembryos im Frühstadium injiziert wurden.
Nach Reimplantation in die Gebärmutter einer Ammenmaus entwickelten sich die Embryos zu erwachsenen Mäusen, die das fremde Globingen im Nukleus jeder ihrer Zellen trugen.
AUTSCH!
Die Globingene wurden außerdem in die Keimzellen aufgenommen und den Nachkommen vererbt.

Die Aktivitäten transferierter Fremdgene können den Metabolismus (Stoffwechsel) oder die Wachstumseigenschaften einer Zelle verändern. In frühen Gentransfer-Versuchen versetzten Fremdgene Zellen in die Lage, trotz letaler Mutationen wieder zu wachsen oder in Gegenwart von Wachstumshemmern zu überleben.

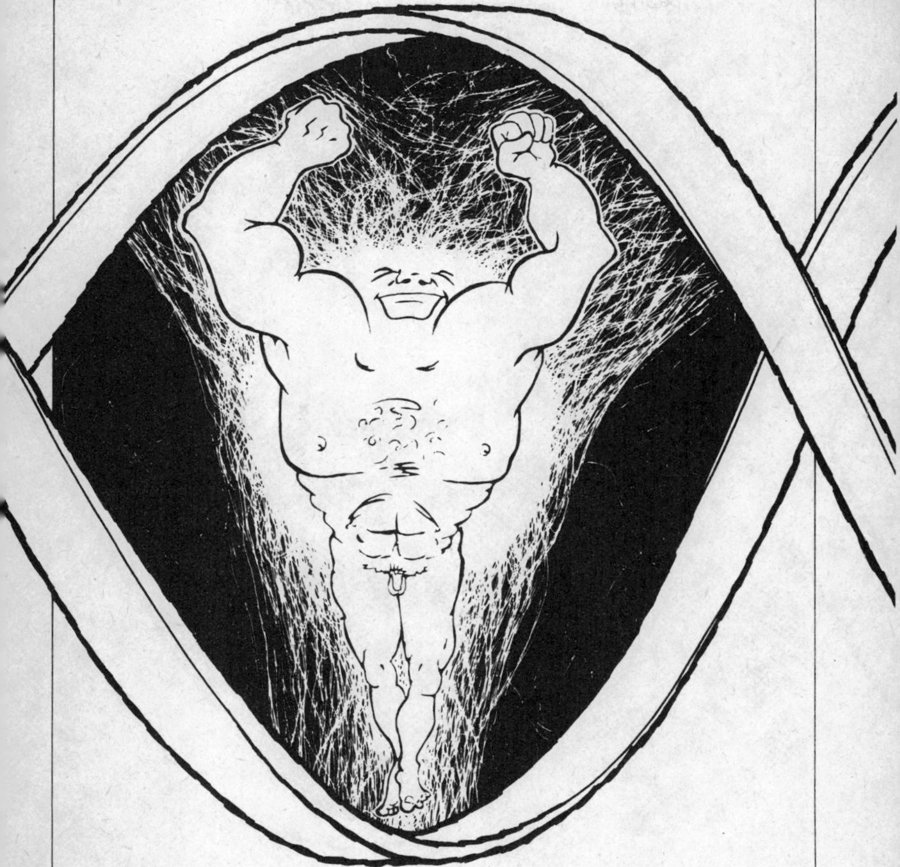

Einer der wirklich bedeutendsten Fortschritte bestand in den neuen Erkenntnissen über die Ursachen gewisser Krebskrankheiten. Krebs ist der Sammelbegriff für eine Reihe verwandter Erkrankungen, bei denen Zellen die normalen Signale, die ihr Wachstum regulieren, nicht mehr befolgen. Zumindest einige Krebse werden durch genetische Veränderungen in somatischen Zellen verursacht. Die mutierten Zellen teilen sich, auch wenn sie es nicht sollten, und bilden einen Tumor.

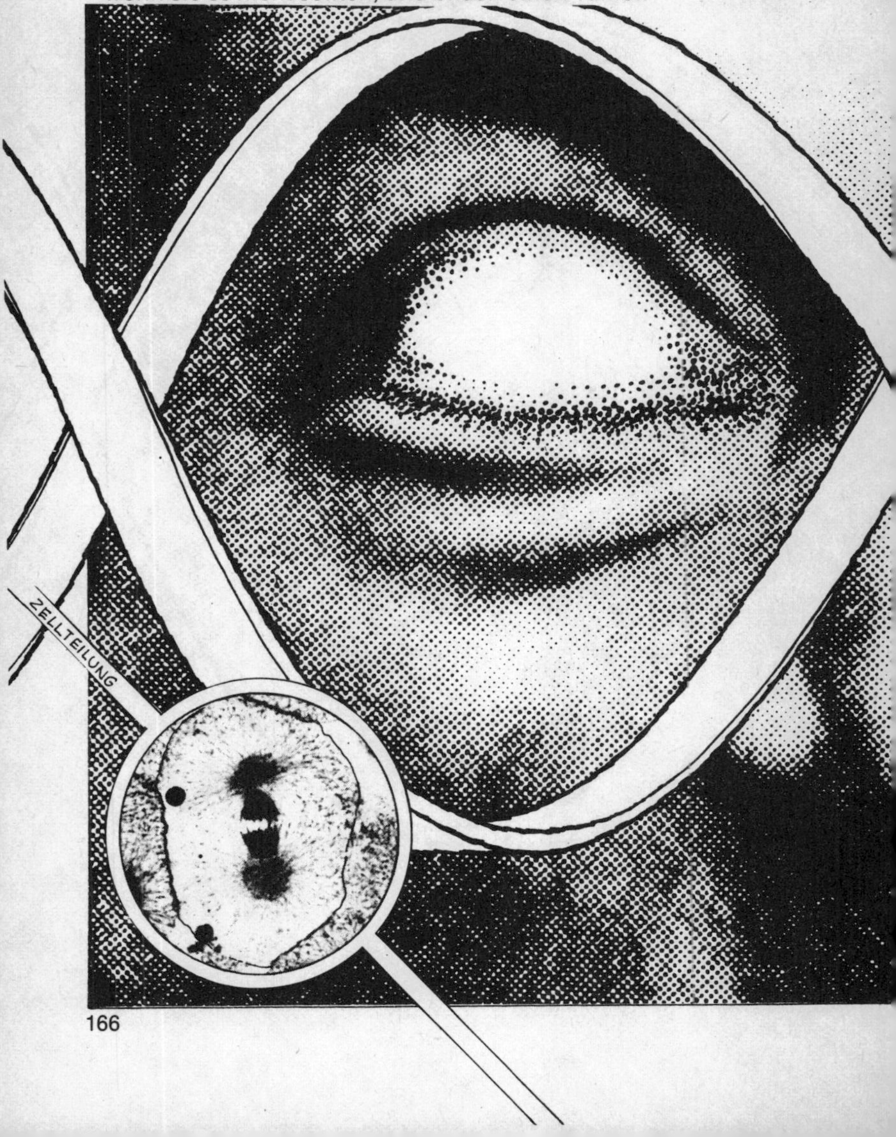

Robert Weinberg vom M. I. T., Geoffrey Cooper von Harvard und Michael Wigler von den Cold Spring Harbour Labs in New York bedienten sich des Gentransfers, um sogenannte «Krebsgene» zu identifizieren: Gene, die unkontrollierte Wucherungen bösartiger Zellen verursachten.

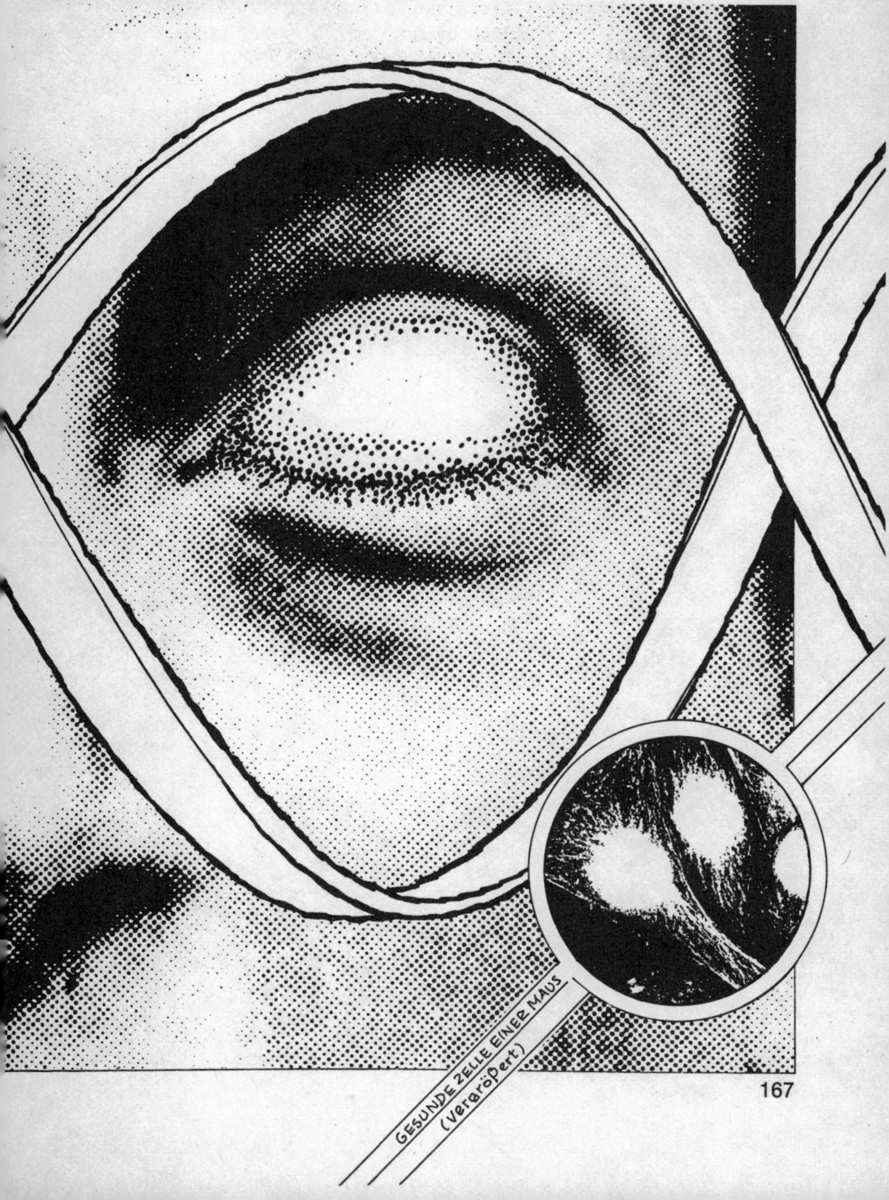

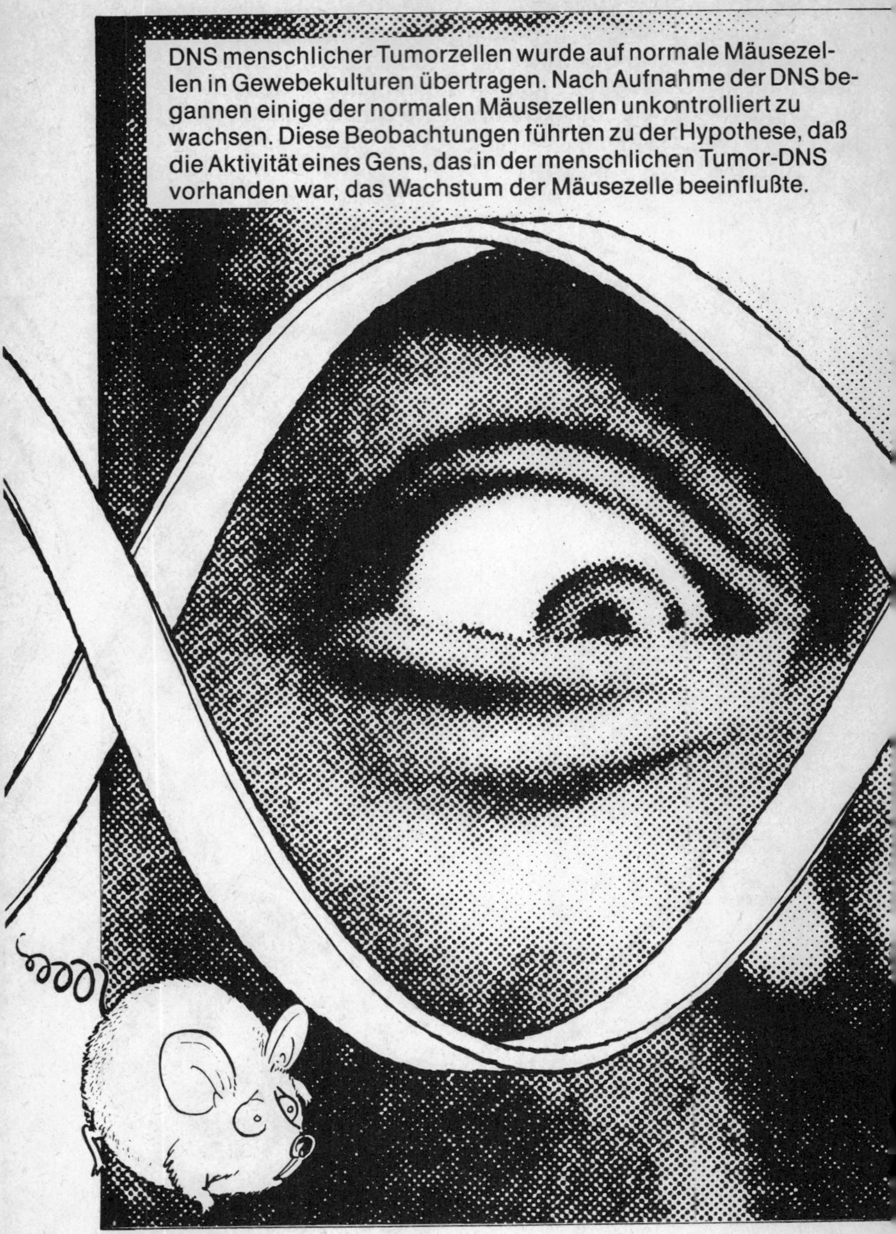
DNS menschlicher Tumorzellen wurde auf normale Mäusezellen in Gewebekulturen übertragen. Nach Aufnahme der DNS begannen einige der normalen Mäusezellen unkontrolliert zu wachsen. Diese Beobachtungen führten zu der Hypothese, daß die Aktivität eines Gens, das in der menschlichen Tumor-DNS vorhanden war, das Wachstum der Mäusezelle beeinflußte.

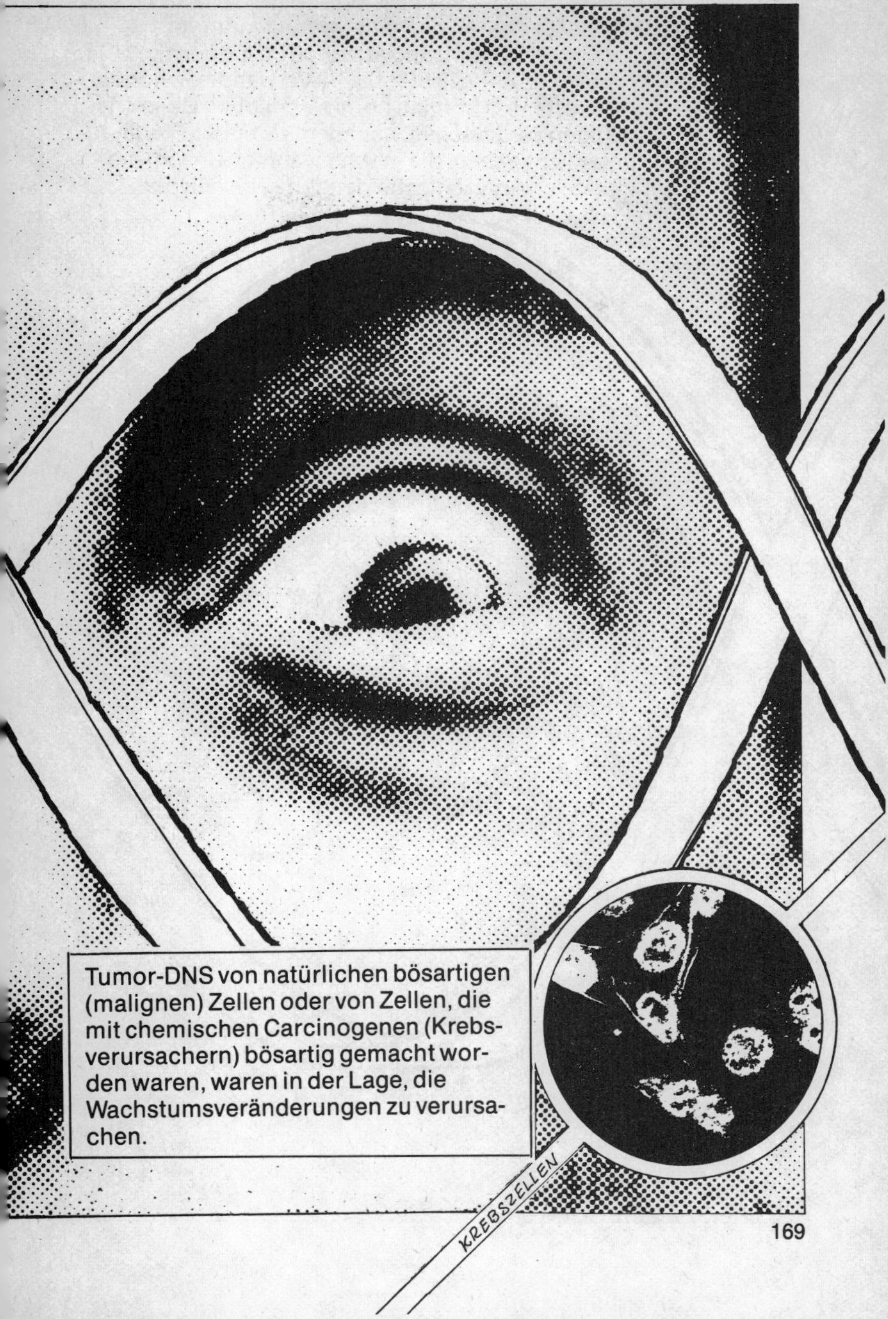
Tumor-DNS von natürlichen bösartigen (malignen) Zellen oder von Zellen, die mit chemischen Carcinogenen (Krebsverursachern) bösartig gemacht worden waren, waren in der Lage, die Wachstumsveränderungen zu verursachen.
KREBSZELLEN

Die Krebsgene, die für das unkontrollierte Wachstum verantwortlich waren, waren geklont, und es wurde bald offensichtlich, daß die Krebsgene nahezu identische Verwandte in normalen Zellen hatten. Offenbar können normale zellulare Gene bösartige Wucherungen verursachen, nachdem sie subtile Veränderungen durchgemacht haben, die (höchstwahrscheinlich) die Art ihrer Aktivität oder einen entscheidenden Aspekt in der Struktur ihrer Proteinprodukte verändern.

Eine der ersten Ängste, die sich in der Öffentlichkeit vor der Genmanipulation breitgemacht hatten, war die Furcht vor der Übertragung geklonter Krebsgene auf die Bevölkerung und daß dadurch bösartige Krankheiten ausgelöst werden könnten. Ironischerweise gewährte dann aber ausgerechnet die Klontechnik erste Einblicke in die molekularen Ursachen des Krebses und erweckte neue Hoffnung auf erfolgreiche Heilmethoden.

So schwanden viele Ängste vor der Genmanipulation in der Bevölkerung dahin, und Wissenschaftler zogen nun in Erwägung, Klonung in der Biotechnik anzuwenden. Biotechnik, das ist die Kommerzialisierung der Biologie und der Genetik. Das ist die Anwendung neuer Gentechniken auf praktische, medizinische und industrielle Probleme. Die Biotechnik kommt aus San Francisco, nicht weit von Silicon Valley, wo in den vergangenen Jahren viel Geld mit Investitionen in die Transistor-, Mikrochip- und Computerindustrie gemacht wurde.

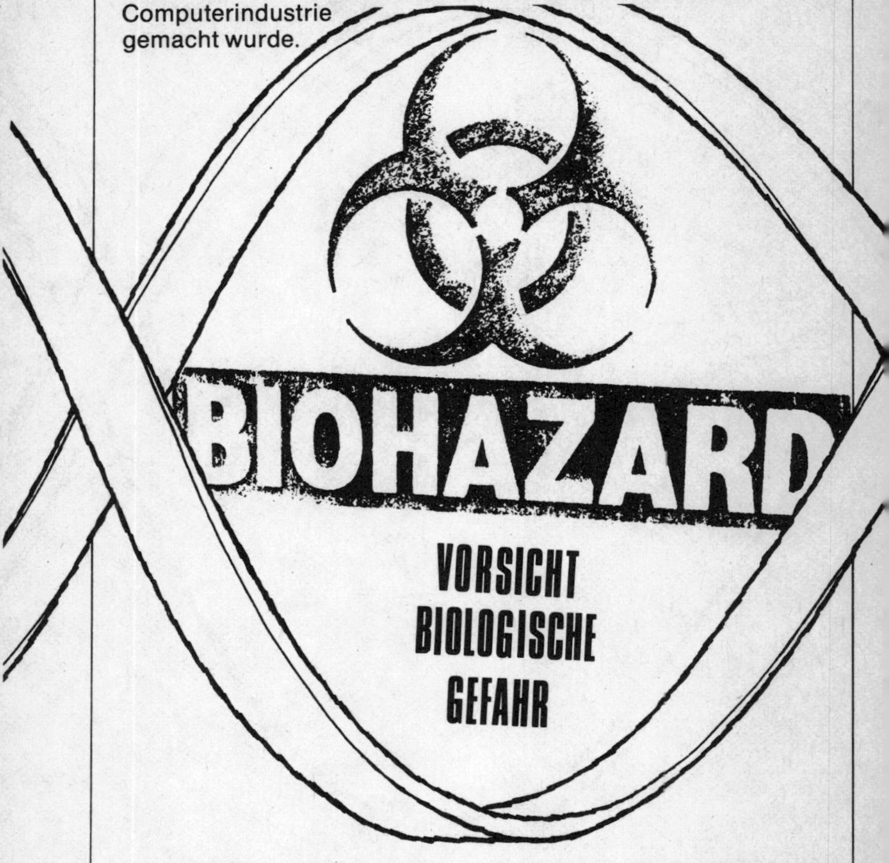

Die ersten Projekte waren, die Gene für medizinisch wichtige Proteine – wie das Wachstumshormon oder Insulin – auf Bakterien zu übertragen, in denen diese Proteine billig im Überfluß produziert werden konnten.

Die ersten biotechnischen Versuche fanden in den Forschungslabors von Universitäten statt, direkt neben grundlegenden Forschungsprojekten, die aus Staatsmitteln finanziert wurden. Manchmal brach offene Feindschaft aus zwischen den Grundlagenforschern und den Vertretern der angewandten Biochemie.

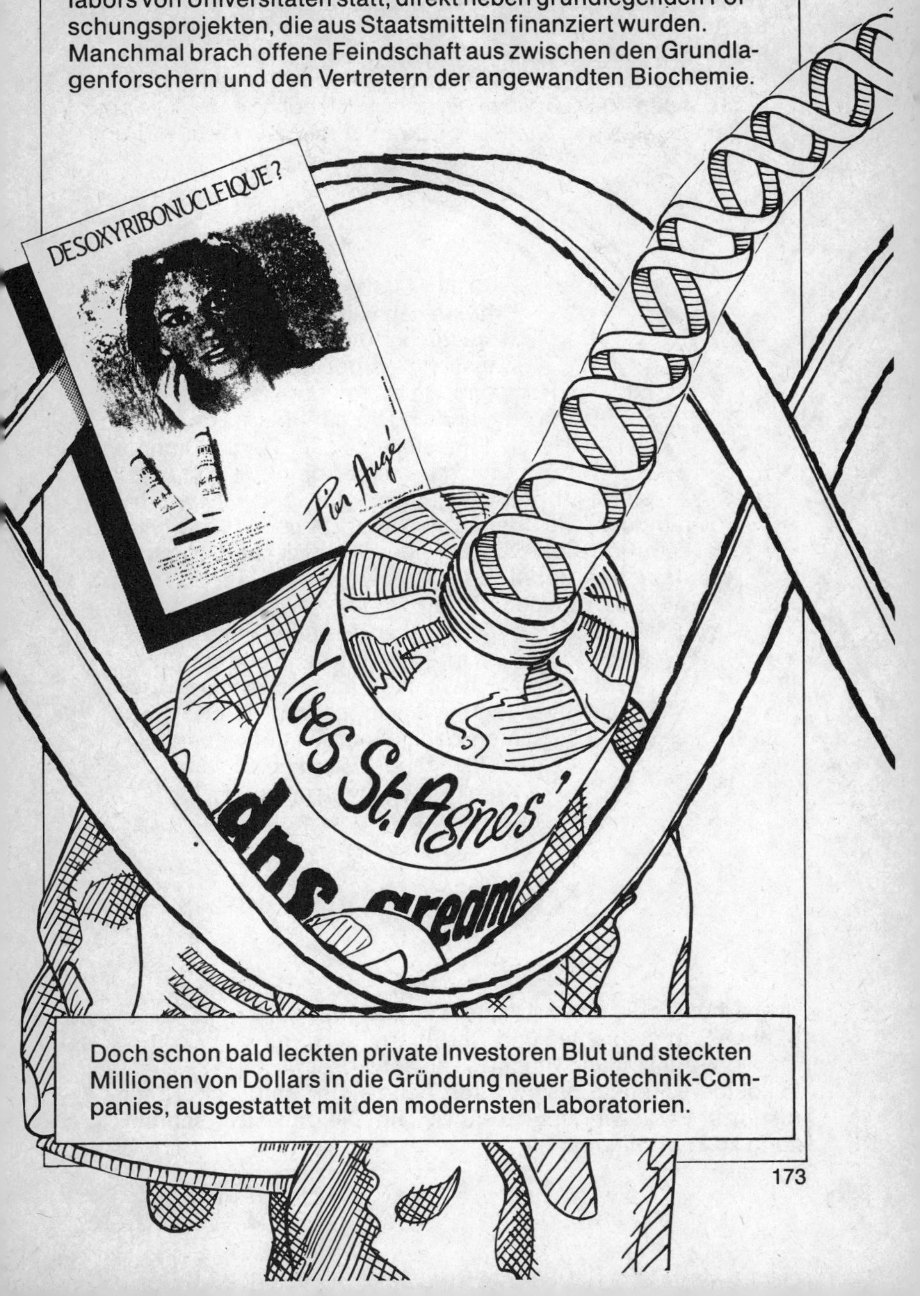

Doch schon bald leckten private Investoren Blut und steckten Millionen von Dollars in die Gründung neuer Biotechnik-Companies, ausgestattet mit den modernsten Laboratorien.

Die erste hektische Investitionsphase ist vorüber, und viele Leute fragen sich heute, wie die Biotechnik, realistisch betrachtet, der Gesellschaft nützen könnte. Hier sind ein paar Möglichkeiten. Die Biotechnik verspricht:

1. diagnostische Reagenzien zur Erkennung genetischer Erkrankungen – so z. B. Down-Syndrom, Sichelzellenanämie oder sogar somatische genetische Erkrankungen wie Krebs – zu entwickeln;

2. Impfstoffe gegen Krankheiten von Vieh und (mit staatlicher Genehmigung) Mensch zu produzieren;

3. Hormone, Blutgerinnungsfaktoren, Insulin oder andere Protein-Pharmazeutika wie Interferon herzustellen. In der Zukunft könnten durch Genklonung ganz neue komplexe und spezialisierte «Proteindrogen» möglich gemacht werden;

4. industrielle Chemikalien wie z. B. den Süßstoff Fruktose zu produzieren. Zucker oder synthetische Treibstoffe wie Gasohol könnten aus Holzspänen gewonnen werden.

5. Pflanzen genetisch zu modifizieren für die Massenproduktion von Chemikalien, Proteinen und neuartigen Nährstoffen, die ihre Energie billig aus der Photosynthese beziehen; natürliche Barrieren bei der Genübertragung zu umgehen und Perioden langsamen Wachstums zu überwinden, um Pflanzen resistent gegen Krankheiten und lebensfähig auf Böden zu machen, die vorher für die Landwirtschaft ungeeignet waren;

6. neue Energiequellen und Tierfuttermittel durch das Recyling von Abfällen und Biomasse zu entwickeln;

7. kostbare Metalle zu bewahren, neue biologische Schürftechniken zur Erzgewinnung zu entwickeln. Die Umweltverschmutzung zu kontrollieren.

Wie fing das
Leben an?
Begann es
mit der DNS?

Im 19. Jahrhundert dachte sich der schwedische Physiker Gustav Arrhenius die tolle **Panspermientheorie** aus.
«Das Leben hatte seinen Ursprung woanders im Universum und wurde von Mikroorganismen zur Erde gebracht.»

Vor ein paar Jahren erweckten Leslie Orgel und Francis Crick diese Theorie wieder zum Leben:
Die Mikrosporen, von denen Arrhenius gesprochen hatte, wären im interstellaren Raum zerstört worden, deshalb stellen wir fest, daß die Mikrosporen in einem Raumschiff angekommen sein müssen!
Eine ältere, höher entwickelte Zivilisation an einem weit entfernten Ort im Universum muß (wie die modernen Erdlinge) kurz vor ihrer eigenen Vernichtung gestanden und beschlossen haben, die Elemente des Lebens zu retten, indem sie die Mikrosporen in einen unbewohnten Teil des Universums verfrachteten!
Crick und Orgel nennen ihre Version der Theorie von Arrhenius «gelenkte Panspermien».

Was aber, wenn das Leben doch auf der Erde begann? Wie könnte es angefangen haben? Im Jahre 1924 veröffentlichte der russische Biochemiker A. I. Oparin eine – damals wenig beachtete – Arbeit:

In den 50er Jahren vermischten Harold C. Urey und Stanley L. Miller ...

Andere Experimente produzierten die fünf Basen der DNS und RNS und die Zuckerarten, die sich in lebenden Organismen finden. Kürzlich wurden große Mengen organischer Moleküle im interstellaren Raum entdeckt. Und Meteoriten aus dem All enthalten Aminosäuren in beachtlichen Mengen.

Es ist gut möglich, daß sich in vielen Teilen des Universums präbiotische Suppen bilden.

Prähistorische
ZUTATEN
Doch alles entscheidend für den Beginn des Lebens wäre die Entstehung von selbstreplizierenden Organismen in der präbiotischen Suppe gewesen. Wissenschaftler haben demonstriert, daß zufällige Ketten von Aminosäuren (Proteine) und Nukleinsäuren (DNS oder RNS) experimentell hergestellt werden können. Wie sich diese Ketten – oder Polymeren, wie sie genannt werden – zu einem System der Selbstreplikation entwickeln, bleibt auch weiterhin unbekannt. Nichtsdestotrotz, wenn es tatsächlich so gelaufen ist, dann hat dies primitive, selbstreplizierende System zweifellos allerbeste Marktchancen gehabt.
Suppe
ERHITZEN UND DER EVOLUTION SERVIEREN

Wahllose Aggregation (Vereinigung) von Molekülen und die **Selektion** (Auslese) der erfolgreicheren Vermehrungsprozesse waren höchstwahrscheinlich die treibenden Kräfte bei der Entstehung des Lebens.

Die ältesten bekannten primitiven Organismen, die in sedimentären (durch Ablagerung entstandenen) Gesteinen in Australien gefunden wurden und dort seit 3,6 Milliarden Jahren gesteckt hatten, lebten wahrscheinlich von der Fermentierung verschiedener organischer Stoffe. Photosynthetische Prozesse entwickelten sich, und sie machten sich an die Sauerstoffproduktion.

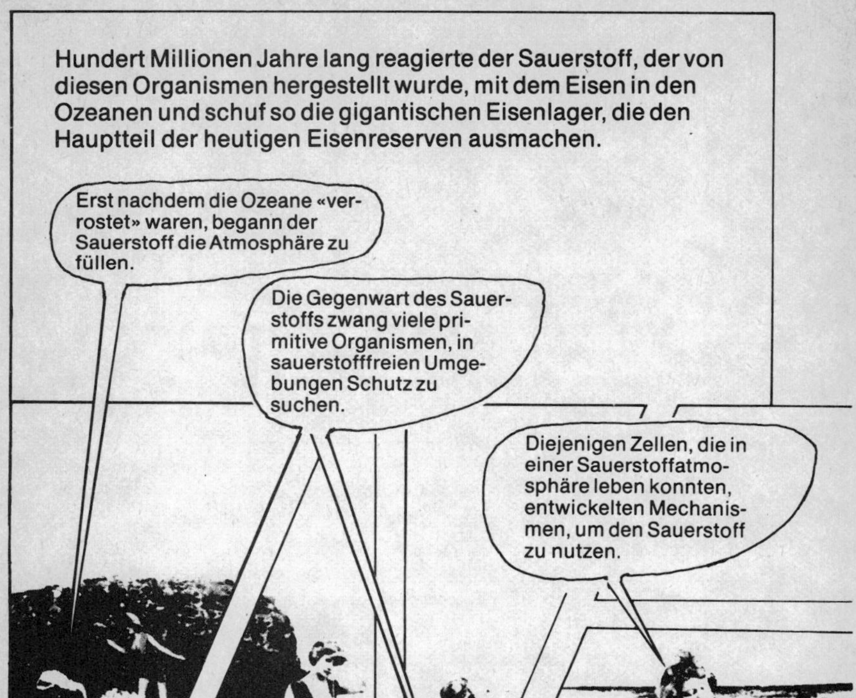
Hundert Millionen Jahre lang reagierte der Sauerstoff, der von diesen Organismen hergestellt wurde, mit dem Eisen in den Ozeanen und schuf so die gigantischen Eisenlager, die den Hauptteil der heutigen Eisenreserven ausmachen.
Erst nachdem die Ozeane «verrostet» waren, begann der Sauerstoff die Atmosphäre zu füllen.
Die Gegenwart des Sauerstoffs zwang viele primitive Organismen, in sauerstofffreien Umgebungen Schutz zu suchen.
Diejenigen Zellen, die in einer Sauerstoffatmosphäre leben konnten, entwickelten Mechanismen, um den Sauerstoff zu nutzen.

Eine galaktische Betrachtung der DNS

Der evolutionäre Prozeß hat eine interessante Seite, die von der Astronomie erhellt wird. Die lebenden Organismen, die wir jetzt sehen, besitzen alle eine Struktur, die auf dem Element Carboneum (Kohlenstoff) aufbaut. Die meisten Biochemiker glauben, es könne keine andere Grundlage für das Leben geben. Doch woher kommt das Carboneum? Es hat seinen Ursprung im Zentrum der Sterne, wo es bei Temperaturen von Millionen von Graden aus einfachen Protonen und Neutronen «gekocht» wird. Wenn die Sterne das Ende ihrer Existenz erreichen, explodieren sie und verteilen Kohlenstoff im All und auf die Oberfläche von Planeten und Meteoriten. Es bedarf jedoch sehr langer Zeit, nahezu einer Milliarde Jahre, um mit dieser stellaren Alchemie Carboneum und andere schwerere Elemente zu machen. Erst nach dieser immensen Zeitspanne sind die Bausteine des Lebens im Universum verfügbar, und erst dann kann die Biochemie übernehmen.

Leben ist also nur in einem Universum möglich, das mindestens eine Milliarde Jahre alt ist. Da sich das Universum in einem Zustand fortwährender Ausdehnung befindet, bedeutet dies auch, daß Leben nur in einem Universum entstehen kann, das mindestens eine Milliarde Lichtjahre groß ist. Die Weite des Universums ist unentwirrbar mit der Existenz von Leben in ihm verbunden.

John D. Barrow.

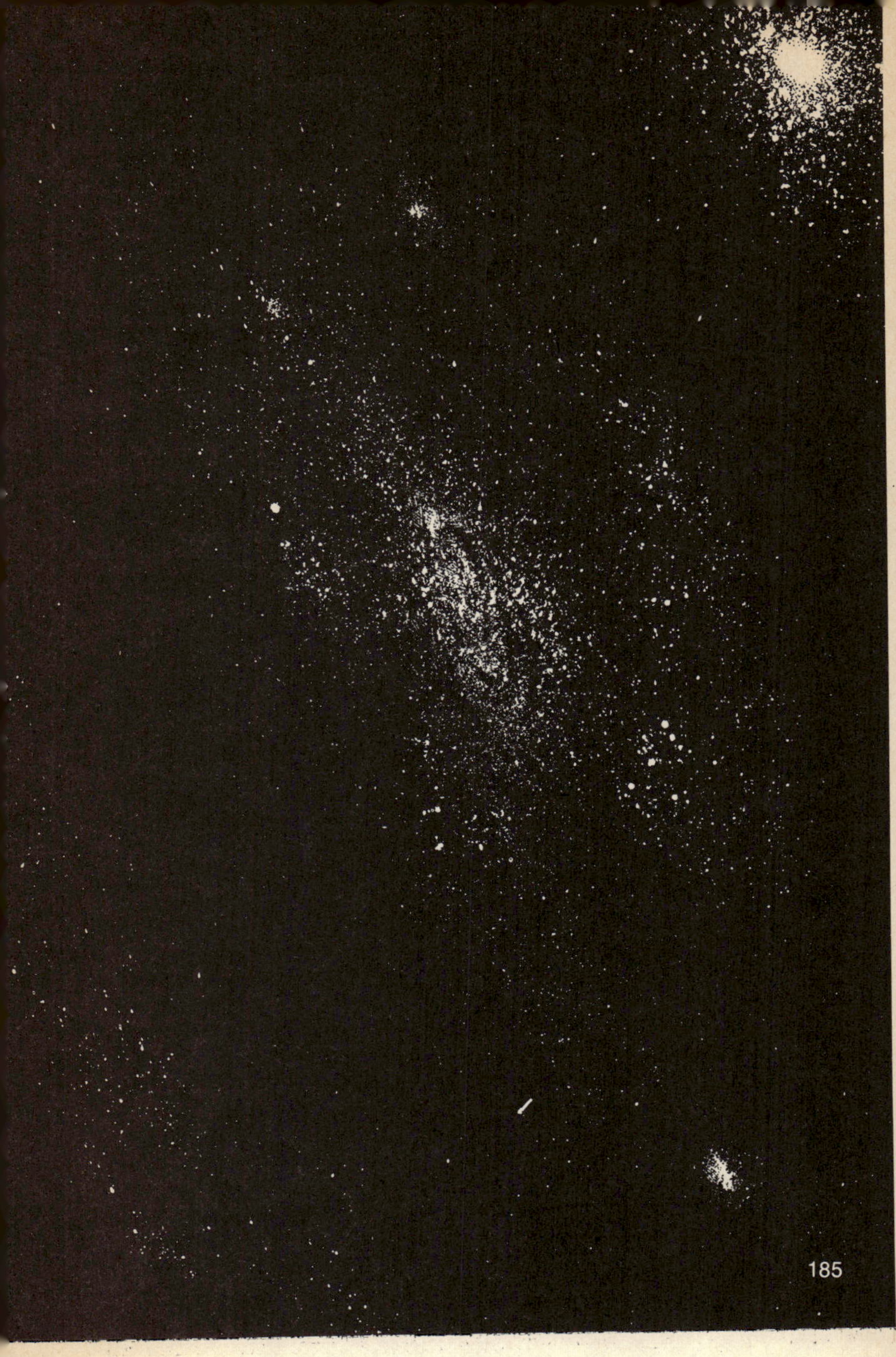

Vor ungefähr 1,4 Milliarden Jahren tauchten die ersten Zellen mit Zellkernen – die Eukaryonten (eu = gut; karyote = Kern) – auf. Jetzt war fortgeschrittene sexuelle Reproduktion möglich, was zu einer schnelleren evolutionären Entwicklung führte. Vor einer Milliarde Jahren meldeten sich dann die ersten mehrzelligen Organismen zur Stelle.
DAS MACHT MEHR SPASS ALS IN DER OLLEN PRÄ-BIOBRÜHE.

Die Geschichte der frühen Lebensformen zeigt, daß Veränderungen der Umwelt immer neuen Selektionsdruck schufen, wodurch neue Lebensformen hervorgebracht wurden.

Doch wonach wählt die natürliche Auslese aus? Und verhilft uns unsere Kenntnis der DNS-Struktur zu Einblicken in die möglichen molekularen Mechanismen?

Variationen scheinen ganz zufällig zu entstehen. Viele helfen dem Organismus nicht, sich an seinen Lebensraum anzupassen. (Wie Gould und Lewontin sagten: Die «männlichen Tyrannosaurier mögen ihre winzigen Vorderbeine ja dazu benutzt haben, ihre Partnerinnen zu befummeln, doch das erklärt nicht, warum sie so klein geworden sind.»)

Die natürliche Auslese sieht die Zukunft nicht voraus.

Adaption (Anpassung) funktioniert nicht wie die Lösung eines Konstruktionsproblems. Die Düsenmaschine hat sich nicht evolutionär aus dem Verbrennungsmotor entwickelt, sondern wurde von Grund auf neu konstruiert. Biologische Organismen müssen dagegen das schon Vorhandene irgendwie in den neuen Organismus einbauen. François Jacob:

Weil das Globingen – weiter vorn behandelt – verdoppelt wurde, gab es eine zusätzliche Ausfertigung zum Herumtüfteln. Mutation und natürliche Auslese sorgten schließlich für die Globin-Vielfalt.

1976 veröffentlichte Richard Dawkins sein Buch **The Selfish Gene,** mit dem er einigen Wirbel in der wissenschaftlichen und sogar der philosophischen Welt verursachte. Dawkins behauptete, die Selektion finde auf der Ebene der Gene statt.

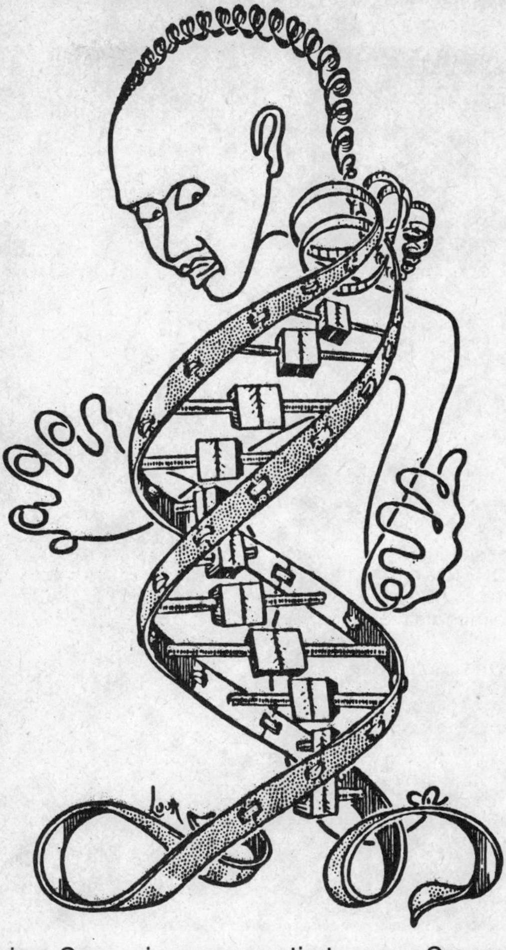

Das Ziel eines Gens sei es, argumentierte er, von Generation zu Generation zu überleben, und es **benutze** die Körper lebender Organismen. Der Mensch sei nichts als eine Überlebensmaschine der DNS.

1980 präsentierten Francis Crick und Leslie Orgel dann ihren Beitrag zur Diskussion um selbstsüchtige Moleküle: die **egoistische DNS.** Einige DNS existierten nicht, sagten sie, weil sie für einen Organismus von Nutzen seien, sondern weil die DNS es seien, die in der Evolution ausgewählt würden.

Nicht jede DNS ist egoistisch, und der Organismus läßt die selbstsüchtige DNS leben, solange sie nicht allzusehr stört, denn der Aufwand, um die «junk»-DNS zu beseitigen, wäre viel zu groß.

Die Idee vom selbstsüchtigen Gen (und der selbstsüchtigen DNS) – mit dem metaphorischen Bild vom Lebewesen, das von der DNS manipuliert wird – tauchte erstmals in einem Papier des englischen Populationsgenetikers D. W. Hamilton von 1964 auf. Er ging ein Problem an, das schon Darwin verwirrt hatte:

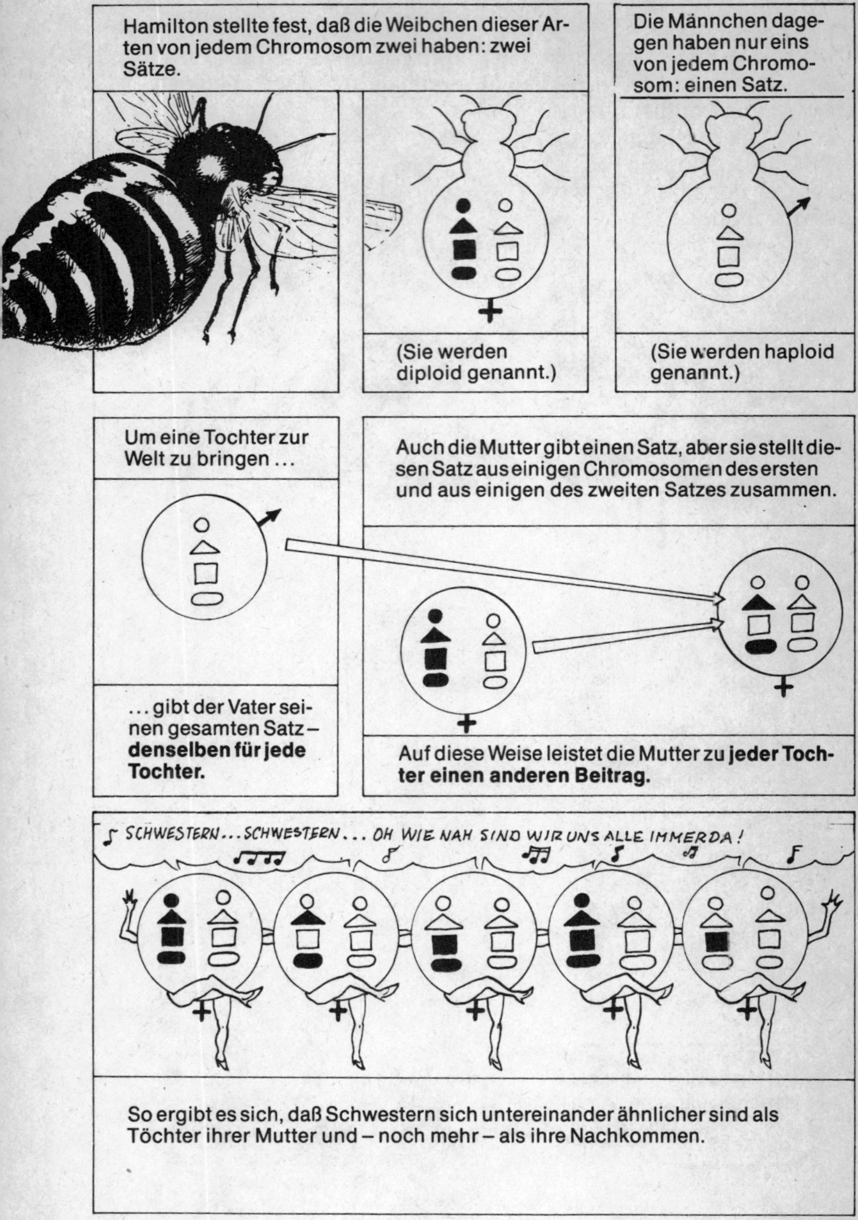

Hamilton stellte fest, daß die Weibchen dieser Arten von jedem Chromosom zwei haben: zwei Sätze.
Die Männchen dagegen haben nur eins von jedem Chromosom: einen Satz.
(Sie werden diploid genannt.)
(Sie werden haploid genannt.)
Um eine Tochter zur Welt zu bringen …
… gibt der Vater seinen gesamten Satz – **denselben für jede Tochter.**
Auch die Mutter gibt einen Satz, aber sie stellt diesen Satz aus einigen Chromosomen des ersten und aus einigen des zweiten Satzes zusammen.
Auf diese Weise leistet die Mutter zu **jeder Tochter einen anderen Beitrag.**
SCHWESTERN … SCHWESTERN … OH WIE NAH SIND WIR UNS ALLE IMMERDA!
So ergibt es sich, daß Schwestern sich untereinander ähnlicher sind als Töchter ihrer Mutter und – noch mehr – als ihre Nachkommen.

Vorausgesetzt, Gene sind tatsächlich egoistisch, dann müßten die Schwestern (auch die sterilen) sich eher gegenseitig helfen als ihren Nachkommen, damit ihre eigenen Gene möglichst lange überleben. Und tatsächlich: Genauso verhalten sich diese Insekten!

Allerdings **beweist** das noch lange nicht, daß Gene tatsächlich egoistisch sind.

Es wäre ziemlich dumm, Schlüsse über menschliche Verhaltensweisen auf Grund von Analogien zum Verhalten von Insekten (das zum Großteil von ihrer genetischen Ausstattung programmiert ist) ziehen zu wollen. Menschliche Verhaltensweisen werden von genetischen Faktoren vor dem äußerst einflußreichen Hintergrund kultureller und moralischer Überzeugungen und sozialer Beziehungen bestimmt. Eine Ameise könnte niemals den Tod eines Vorfahren rächen, an Gott glauben ... oder die DNS entdecken!

Als 1953 die Struktur der DNS erstmals aufgedeckt wurde, glaubte man, zufällige Mutationen in der DNS-Struktur und sexuelle Rekombination seien verantwortlich für die Evolution. Gene existieren in einem Organismus oft in doppelten Ausfertigungen. Der Prozeß der Duplikation ermöglicht die Schaffung mutierter Strukturen – die dem Organismus helfen oder auch nicht, sich anzupassen –, ohne das ursprüngliche Gen zu opfern.

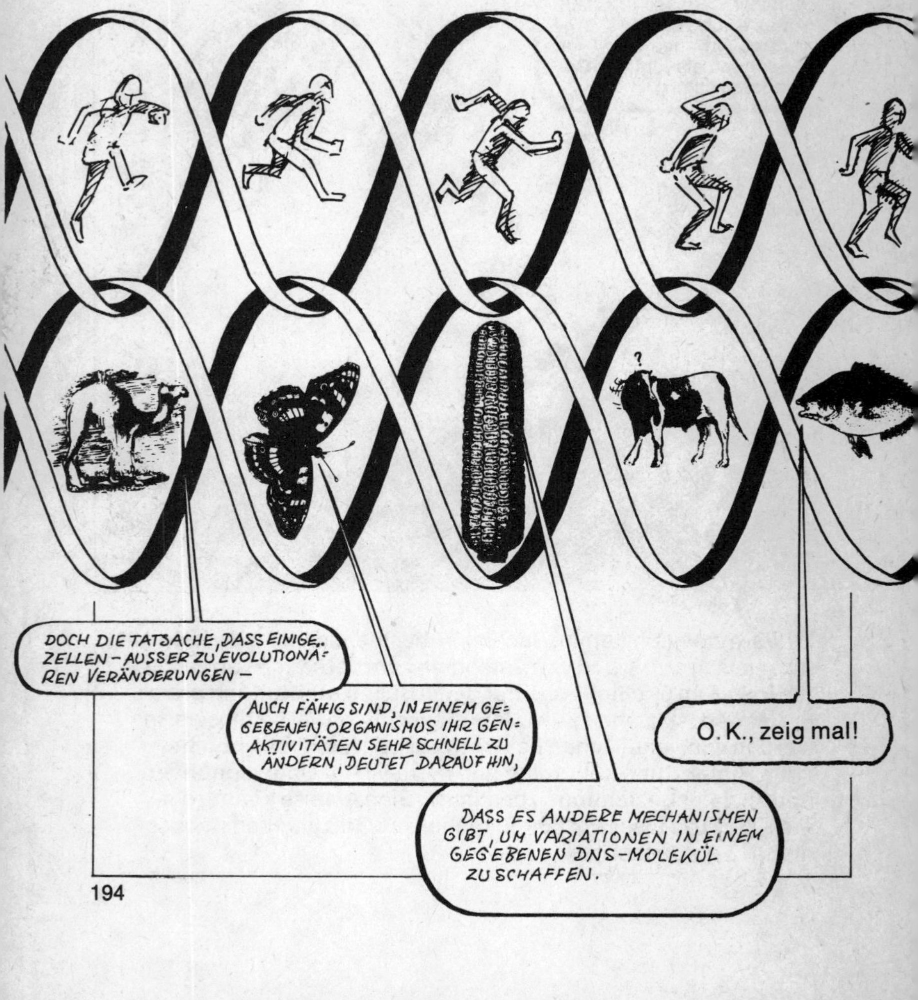

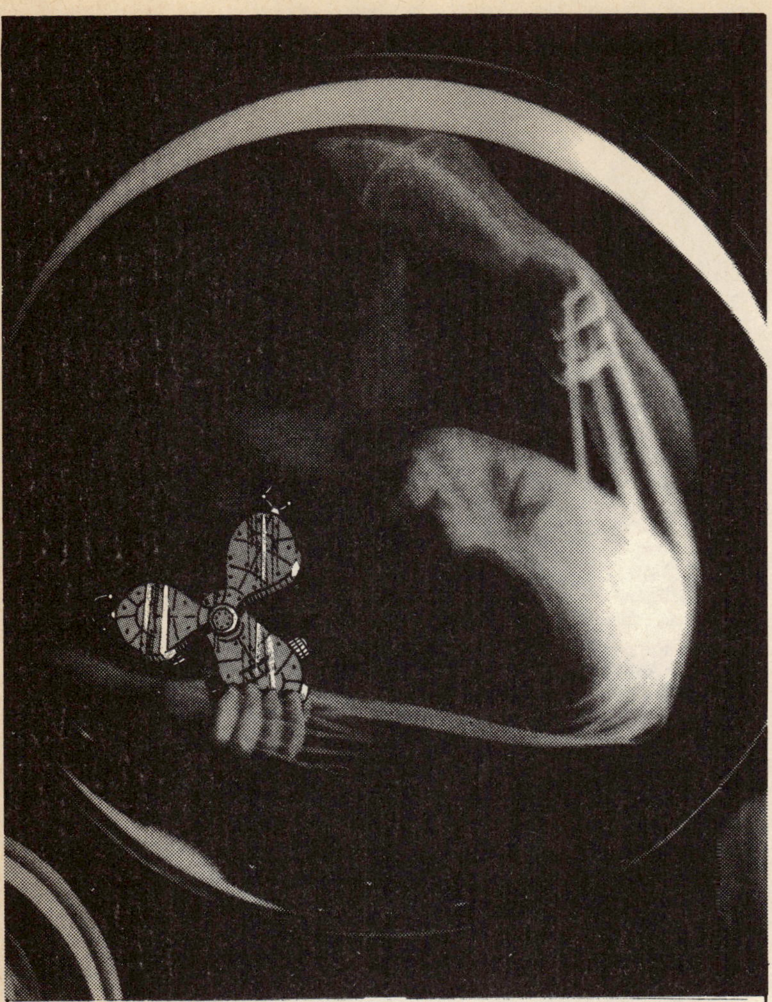

Man fand schnell heraus, daß es Mechanismen gibt, die die DNS einer bestimmten Pflanze oder eines bestimmten Tiers neu ordnen. Einer der bemerkenswertesten dieser Mechanismen ist verantwortlich für die Produktion von Millionen (wenn nicht mehr) Antikörpern aus ein paar hundert Antigenen, was es Wirbeltieren gestattet, zu überleben, wenn sie von neuen Arten von Organismen infiziert werden. Der Vorrat möglicher Antikörper wird in der embryonalen Entwicklung determiniert.

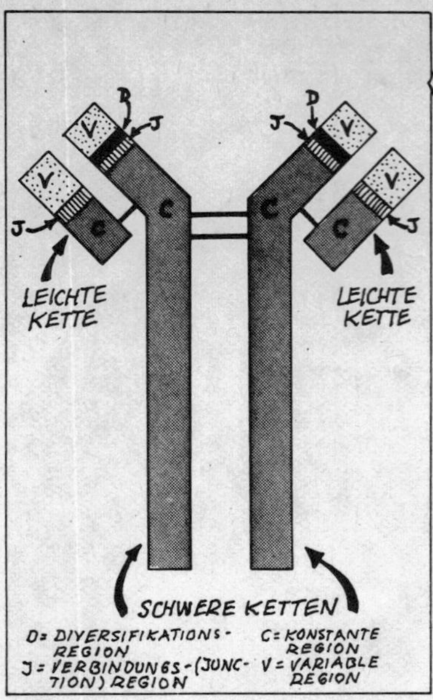

Antikörper bestehen aus zwei Typen von Proteinketten: leicht und schwer

Jede leichte Kette hat variable und konstante Regionen. Die variable besteht aus zwei Abschnitten: **V** und **J.** Die konstante wird mit C bezeichnet. Schwere Ketten sind ähnlich, nur daß ihre variablen Regionen aus drei Abschnitten bestehen: **V, D** und **J;** auch sie besitzen eine konstante Region C.

Das Immunsystem hat die bemerkenswerte Eigenschaft, eine ungeheure Zahl von Antikörpertypen bilden zu können. Die Vielfalt resultiert aus den Unterschieden zwischen den variablen Regionen in den leichten und den schweren Ketten.

In der embryonalen DNS finden wir die Gene für diese verschiedenen Segmente. Doch es gibt viele Gene für jeden Segmenttyp, und sie liegen weit voneinander entfernt, d. h. sie sind noch **nicht zu einem funktionalen Gen zusammengesetzt.** Um das Gen für eine leichte Kette oder eine schwere Kette herzustellen, müssen die auseinanderliegenden DNS-Segmente zusammengebracht und verbunden werden.

Es gibt viele verschiedene Möglichkeiten für diese Kombinationen:

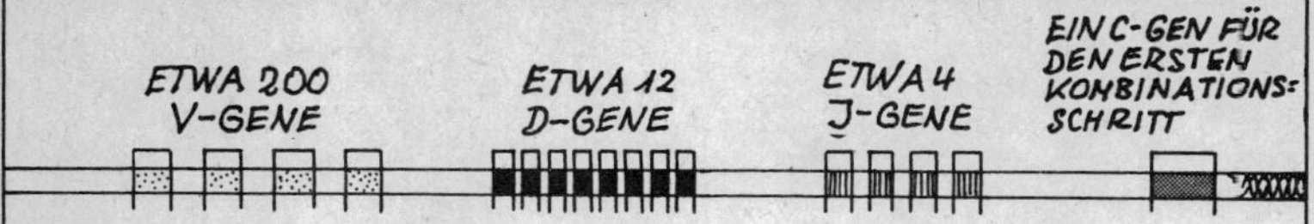

Hier ist die Familie für eine schwere Kette:

In den Antikörper produzierenden Zellen wird ein aktives Gen einer schweren Kette gebastelt, indem ein D-Gen mit einem J-Gen verbunden wird, was ein DJ (12×3=36 Möglichkeiten) ergibt. Dann verbindet sich das DJ mit einem V-Gen zum VDJ-Gen (36×200=7200 Möglichkeiten).

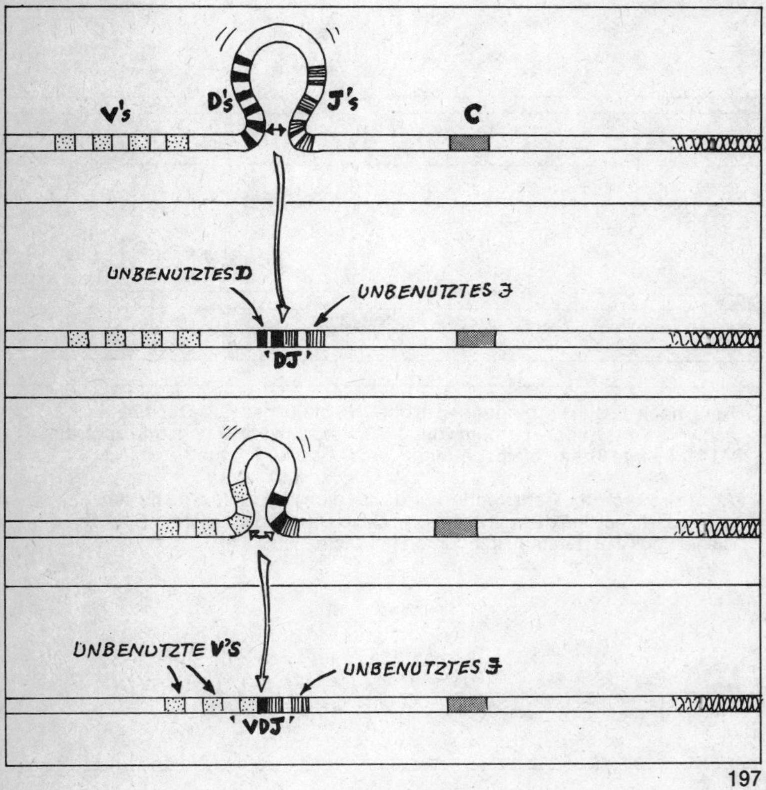

Und jetzt die leichte Kette:

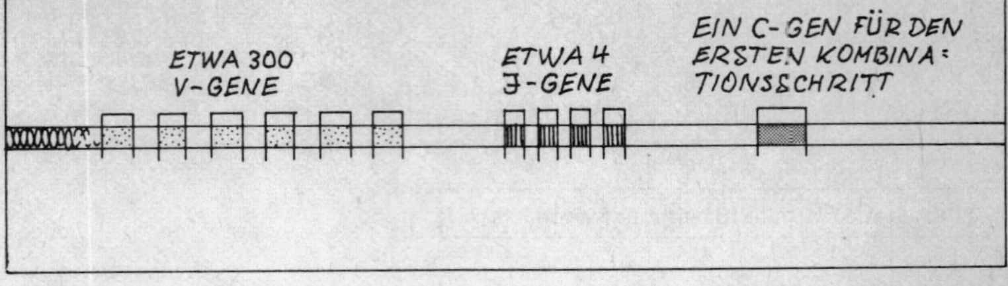

Die Gene für leichte Ketten werden ähnlich gebastelt, indem die V- und die J-Gene verbunden werden. Daraus ergeben sich 300×4=1200 verschiedene Möglichkeiten für leichte Ketten.

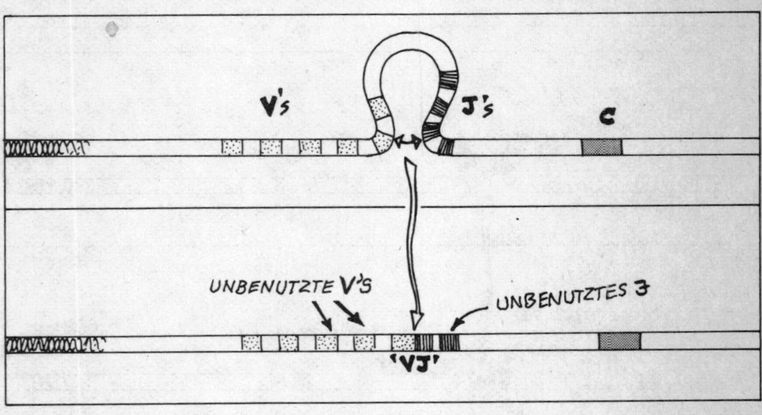

Auch nach diesen Verbindungen in der DNS bleibt das **VDJ**-Gen für schwere Ketten noch getrennt vom **C**-Gen für schwere Ketten; und auch das **VJ** für leichte Ketten bleibt getrennt vom **C**-Gen für leichte Keten.

Aber erst **nach** der Transkription wird – bei dem Gen für leichte Ketten ebenso wie bei dem für schwere – das **C**-Gen durch den splicing-Schritt, der die fertige RNS herstellt, in Position gebracht.

Für leichte Ketten:

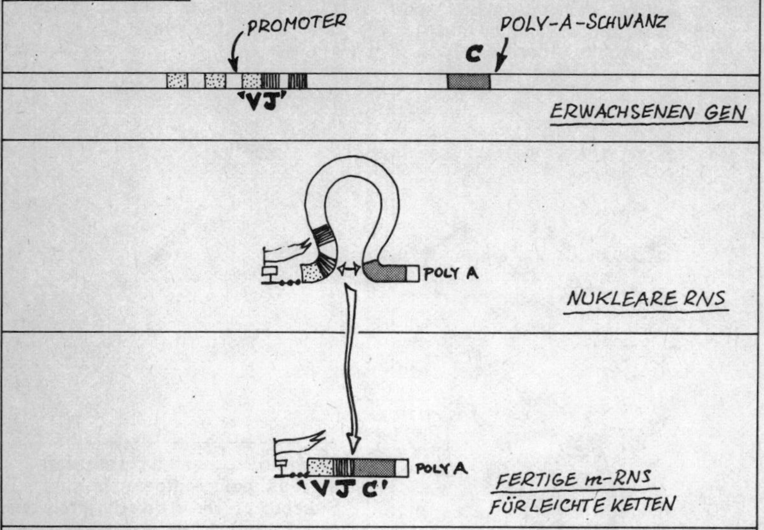

Für schwere Ketten wird das VDJ-RNS-Transkript auf sehr ähnliche Weise an C gespleißt, so daß jetzt in der endgültigen m-RNS die VDJC-Sequenzen nebeneinander liegen.

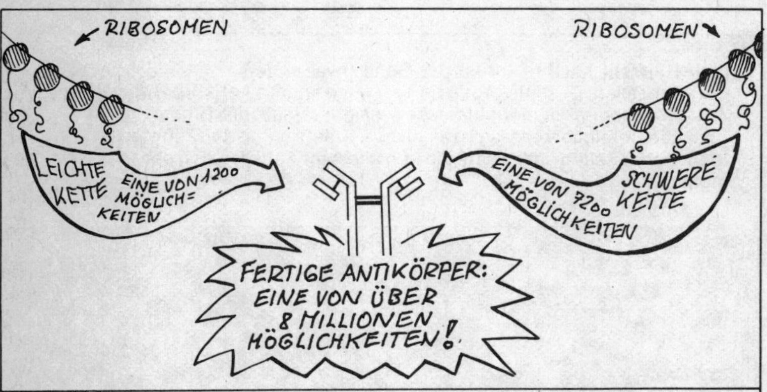

Da es noch zusätzliche Quellen der Vielfalt gibt, ist die Gesamtzahl möglicher Antikörper tatsächlich sogar noch größer.

Die m-RNS für die vielfältigen leichten und schweren Ketten rauschen nun ab zur Translation.

Nach der Übersetzung im Ribosom ist der Antikörper fertig, ein famoser kleiner Kerl, der aus leichten und schweren Proteinketten besteht …

… und jetzt an die Oberfläche der Zelle, die ihn produziert hat, in den Einsatz geschickt wird.

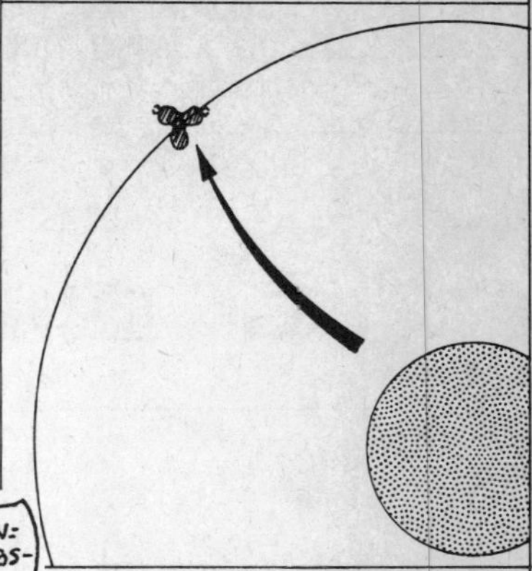

Jeder Antikörper hat die einzigartige Fähigkeit, Antigene (fremde Substanzen, die in den Blutkreislauf eindringen) zu binden.

Er hockt auf der Oberfläche der Zelle und hält die Augen auf nach Antigenen, um sie sich zu schnappen.

Jede Blutzelle hat ihre Antikörper-Gene etwas anders kombiniert als die übrigen Zellen. Deshalb produziert sie auch andere Antikörper, die andere Antigene binden. Bemerkenswerterweise veranlaßt das Binden der Antigene die Herstellerzelle, sich rasant zu vermehren, so daß Zehntausende identischer Zellen entstehen, die nun allesamt Antikörper in den Blutkreislauf schicken.

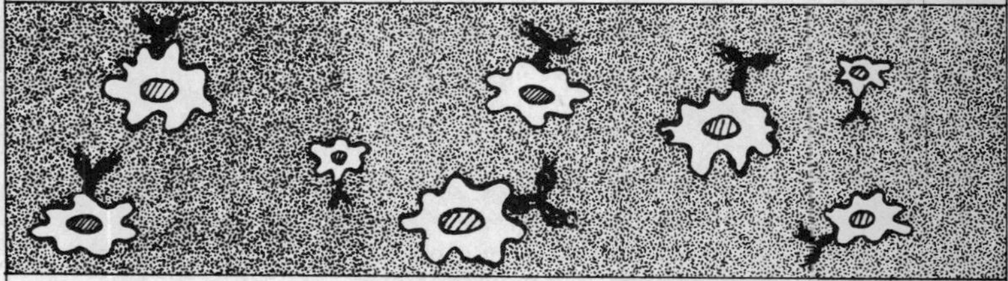

Auf diese Weise schafft die Komposition der Antikörper-Gene Vielfalt, und die Antigen-Bindung veranlaßt die nötige Vermehrung.

Mechanismen, die denen der Antikörperproduktion ähnlich sind, könnten auch eine wichtige Rolle bei der Zelldifferenzierung und bei der Schaffung der Vielfalt in individuellen Organismen spielen. Man hat bewegliche Gene entdeckt, die sich an verschiedenen Orten in der DNS niederlassen können und so Mutationen, Inversionen (Umdrehungen von Chromosomenabschnitten) und das An- und Abschalten von Genen auslösen können.

Sogar der sogenannte «junk» (Schrott) – die DNS in den Introns, die keine klare Funktion zu haben scheint – könnte sich als bedeutsam erweisen und wichtige Aufgaben bei der Genregulation und bei der Schaffung der Vielfalt erfüllen.

In den 40er Jahren entdeckte Barbara McClintock «jumping genes», «springende Gene». Diese Gene sind in der Lage, innerhalb eines Chromosoms ihren Platz zu wechseln und sich zwischen oder innerhalb anderer Gene niederzulassen. In manchen Fällen können Gene, die neben dem neuen Platz liegen, an- oder abgeschaltet werden, wenn das Gen angesprungen kommt. Landet der Hüpfer in einem anderen Gen, kann er die codierte Information dieses Gens verändern. McClintock begegnete dem «jumping gene» zum erstenmal in Mais. Inzwischen ist bekannt, daß gewisse Gene von Tierzellen, wie z. B. die Gene der Immunglobuline von Säugetieren, auch durch in hohem Maße kontrollierte Neuordnungen der DNS «springen». Einige DNS-Sequenzen hüpfen, indem sie Kopien von sich herstellen, die sich an anderen Orten auf dem Chromosom einfügen können. Diese DNS breiten sich durch den Hüpfmechanismus innerhalb des Chromosoms aus und kommen unter Umständen mehrere hunderttausendmal in dem Genom vor. Da diese Vermehrung für den Organismus vielleicht von keinem direkten Nutzen ist, sind diese DNS als «egoistische DNS» bezeichnet worden.

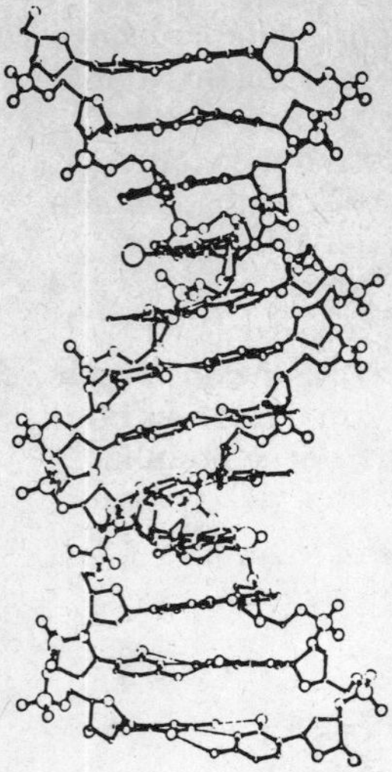

Die DNS kann als innere Beschreibung von Lebewesen betrachtet werden – vergleichbar der inneren Beschreibung, von der von Neumann 1949 in seiner Rede sprach.

Doch es ist eine wahrhaft komplexe und ungewöhnliche Beschreibung. Ein Mensch kann eine Maschine an einem einzigen Tag konstruieren, die DNS hat ihre Form und Komplexität in Milliarden von Jahren seit Beginn der Evolution entwickelt. In diesem Sinne ist die DNS ein Erbe, das uns mit unseren frühesten Vorfahren in ferner, ferner Vergangenheit verbindet.

Ein bemerkenswertes Molekül, in der Tat.

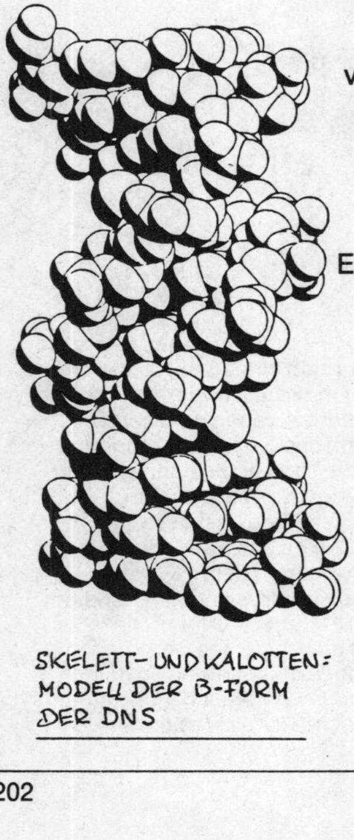

SKELETT- UND KALOTTEN-MODELL DER B-FORM DER DNS

Ende

Postskript

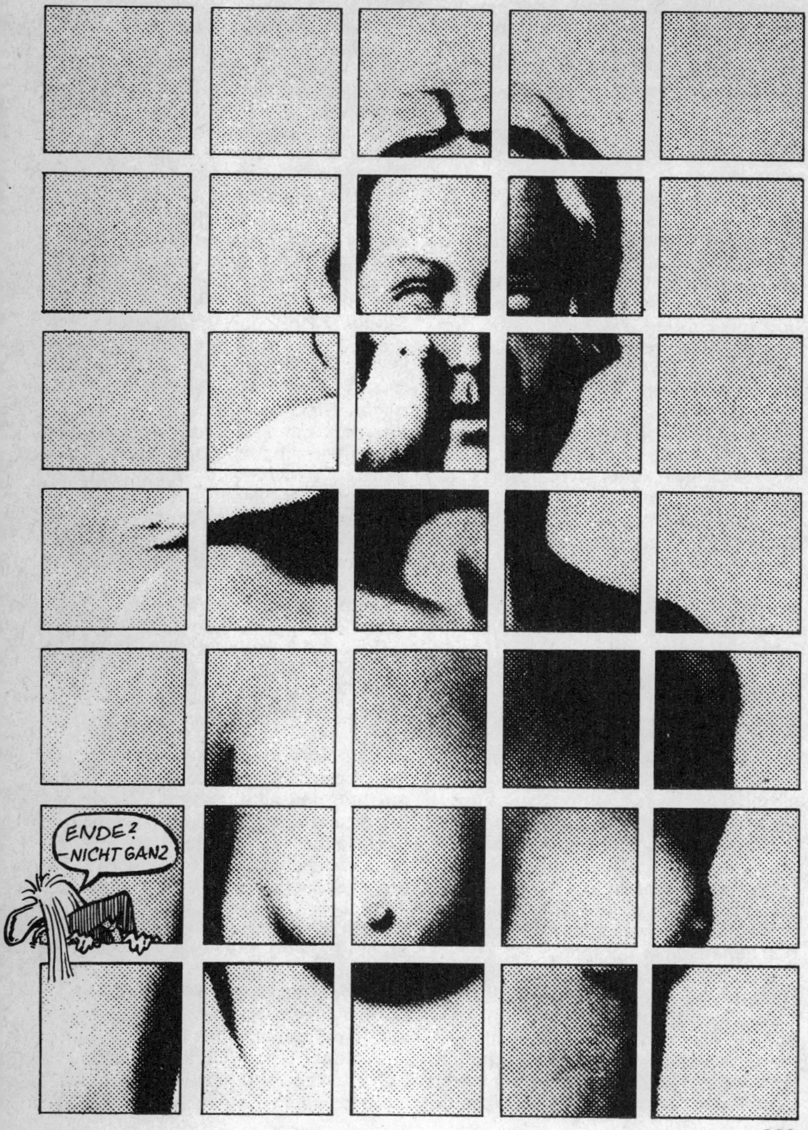

DNS – unser wertvollstes Erbe

Die DNS ist der Faden, der uns mit unseren frühesten Vorfahren verbindet. Gäbe es irgendwelche Unterbrechungen in der Kette der Vererbung genetischer Informationen, wäre der «evolutionäre Wert» vergangener Jahrtausende verloren. Die codierte genetische Information in der DNS ist das Ergebnis von Mutationen und umweltbedingter Auslese, die gemeinsam den evolutionären Prozeß ausmachen. Diese Informationen könnten nicht ersetzt werden.

Auch wenn wir – außer der DNS – jedes Detail der Zellstruktur kennen würden, die chemische Konstitution des Zytoplasma und des Nukleoplasma, den Lipidgehalt der Membrane, die Aminosäure-Sequenz jedes Proteins und die Faltung der Peptidkette, den Energiestand der Metaboliten und ihren Abbau, so könnten wir doch nicht die Struktur der DNS deduzieren. Andererseits reicht aber die DNS der diploiden Chromosomen des undifferenzierten Eies aus, um jedes winzige Detail des entwickelten Organismus zu bestimmen. Wenn wir sagen, eine Henne sei nur das Mittel des Eies, ein anderes Ei zu machen, betonen wir die Notwendigkeit, daß mit dem Wechsel der Generationen die DNS überliefert werden muß. Keimzellen müssen Keimzellen hervorbringen, will eine Art fortfahren zu existieren.

Ein allgemeiner Code

Wie aber sind unsere genetischen Informationen verwandt mit denen anderer Spezies? Wir können die Gene vieler Organismen klonen und versuchen, sie auf einer evolutionären Skala einzuordnen. Die erste Tatsache, die deutlich wird, ist, daß der genetische Code universell ist. Die Gene praktisch aller Organismen «sprechen» mit den Ribosomen und den t-RNS der Protein synthetisierenden Maschinerie in derselben genetischen Sprache.

Nur der Code der Mitochondrien (zytoplasmatische Organellen mit eigenem Chromosom) bildet eine Ausnahme. Mitochondrien gelten als gefangene Organismen, die ursprünglich symbiotisch im Zytoplasma ihrer Wirte lebten und jetzt essentielle Bestandteile eukaryontischer Zellen sind. Doch sogar der Code der Mitochondrien ist nahezu identisch mit dem allgemeinen genetischen Code. Eine weitere mögliche Ausnahme ist das **Prion,** der Proteinbaustein eines Krankheitserregers, der bei Schafen tödliche Krankheiten verursacht. Dieser Erreger hat offenbar keine Nukleinsäure, woraus geschlossen wird, daß seine genetischen Informationen in «Proteingenen», den Prions, gespeichert sind.

Abgesehen von diesen beiden Fällen ist der Code universell. Die Art der Informationsspeicherung unterscheidet sich von Art zu Art in vielen Details, wobei die größten Abweichungen bei den Viren zu finden sind. Das Genom des Poliovirus besteht aus einer einsträngigen RNS, die unmittelbar als m-RNS fungiert. Und der Influenzavirus bedient sich spiralförmiger Stäbe doppelsträngiger RNS, um den Code zu speichern, wobei jedes Gen über einen eigenen Stab verfügt. Wissenschaftler, die sich mit Klonungstechniken beschäftigen, haben DNS-Nachbildungen der Poliovirus- und der Influenzavirus-Gene hergestellt und in Tierzellen eingeschleust. Diese homologen Gene leiten die Synthese der Poliovirus- und Influenzavirus-Proteine, ohne daß es etwas auszumachen scheint, daß die Gene beider Viren eigentlich aus RNS bestehen.

Bei allen Beispielen bleibt der Code immer derselbe; er gilt für den Menschen ebenso wie für Tiere, Bakterien, Grippe und Polio.

Unsere Vorfahren

Die Universalität des Codes deutet darauf hin, daß alles Lebende einen gemeinsamen Vorfahren hat, der den Code allen heute lebenden Organismen vermachte. Ein Gen einer Fruchtfliege braucht nie in einer menschlichen Zelle zu funktionieren (obwohl Wissenschaftler es kürzlich dazu gebracht haben!). Dennoch wurden Fliegen und Menschen und ihre jeweiligen Vorfahren mit demselben genetischen Code ausgestattet, und zu viel stand auf dem Spiel (nämlich die Aktivierung ihrer Gene), um die Codes während der Evolution zu verändern.

Wenn wir es wagen, über einen gemeinsamen Vorfahren aller Lebewesen zu spekulieren, dann können wir sicherlich auch riskieren, alle existierenden Wesen – Bakterien, Fruchtfliegen, Menschen etc. – auf einer Evolutionsskala einzuordnen. Repräsentieren der Mensch und das Reich der Tiere wirklich die Krönung der Evolution, wenn wir sie, sagen wir, mit der niedrigen E.coli-Bakterie vergleichen?

Bakterien: Relikt oder High Tech

Konventionelle Weisheit ordnete die einfache Bakterie ganz unten auf der Evolutionsskala ein. Und der Mensch hat sich natürlich an die Spitze gestellt. Der Physiker Eddington sagte einmal, die Entropie sei der Pfeil der Zeit. Es fällt uns leicht zu erkennen, wie die Zeit voranschreitet. Nehmen wir zum Beispiel einen Streifen Film, auf dem der Verfall eines Gebäudes festgehalten ist. Wir wissen, daß der Film vorwärts läuft, wenn wir beobachten, wie das Haus mit fortschreitender Zeit auseinanderfällt und sich nicht aus Zement und Steinbrocken wieder zusammenfügt, bis ein intaktes Haus entstanden ist. Gibt es eine ähnliche Regel, anhand derer wir die Richtung und den Fortschritt der Evolution bestimmen können?

Obwohl Bakterien uns als niedriger erscheinen (da sie viel älter sind) als die vielzelligen Eukaryonten, haben sie doch einige bemerkenswerte Eigenschaften. E.coli kann sich in 20 Minuten reproduzieren, etwa 350000mal schneller als der Generationswechsel beim Menschen! Bakterien haben keine Intron-Sequenzen, die sich in den eukaryontischen Genen finden. Ihnen fehlt der Spleiß-Mechanismus, der die Intron-Sequenzen während der Herstellung der m-RNS entfernt, und ihnen fehlt der Zellkern. Sie besitzen ein einziges Chromosom, das im Zytoplasma steckt. Ja, ihnen fehlt so ziemlich alles, was die Eukaryonten zum Leben brauchen und was die Erzeugung von Nachkommen so zeitaufwendig macht. Folglich ließe sich, im Gegensatz zur konventionellen Weisheit, auch sagen, Bakterien seien hoch entwickelte Kreaturen, «stromliniengeformt» für einen flinken Lebensstil. Wenn sich die Bakterien aus Eukaryonten entwickelt hätten, hätte es die Stromlinienformung erfordert, die Introns aus den Genen zu entfernen (es wäre zuviel Arbeit gewesen, die Gene vollkommen neu zu entwickeln), so daß die neue prokaryontische Lebensform sich der Spleißung und des Zellkerns entledigen könnte. Und tatsächlich wissen wir heute, daß eukaryontische Gene ihre Introns verlieren **können,** und zwar durch einen Mechanismus, bei dem die m-RNS (eine intronlose Form der Gensequenz) in DNS zurückkopiert wird. Solche intronlosen Gene scheinen in Tierzellen recht häufig zu sein, und reverse Transkriptase (der wir bei der k-DNS-Klonung begegneten) oder ein ähnlicher Mechanismus könnte die Aufgabe, m-RNS-Information (ohne Introns) in «stromlinienförmige» DNS zurückzuverwandeln, erfüllen. Evolution von Eukaryonten zu Prokaryonten ist nicht weit hergeholt!

Wie Organismen verwandt sind: Der Hinweis in der DNS

Wenn wir die Einstufung der bakteriellen Prokaryonten und der Eukaryonten auf der Evolutionsskala anzweifeln, können wir dann jemals hoffen, die Richtung der Evolution zu bestimmen und dabei einen Blick auf unsere eigenen Ursprünge zu werfen? Vielleicht werden wir in der Lage sein, einen deutlichen strukturellen Fortschritt von einer Spezies zur anderen zu erkennen und die genaue Reihenfolge ihres Auftauchens auf der evolutionären Bühne festzulegen, wenn die Genstruktur vieler Organismen irgendwann einmal durch DNS-Sequenzierung offengelegt ist (bisher sind nur eine Million Nukleotide bekannt.) Kürzliche Evolution einer Art und sogar große Vielfalt biologischer Funktionen (wie Cellospielen oder Chaucer rezitieren) sind jedenfalls keine Garantie für evolutionäre Tauglichkeit. Vielleicht werden nach einem vom Menschen verursachten nuklearen Holocaust nur die Kakerlaken überleben. Was wäre das für ein peinlicher Test für unseren evolutionären Rang!

Das Individuum und die Art: Die Folgen der Mutation

Von Generation zu Generation sterben die erwachsenen Mitglieder der Art. Die differenzierten Somazellen sind verloren und das genetische Erbe wird durch die Keimzellen an die nächste Generation weitergegeben.

Die Art und das Individuum haben zum Teil gegenläufige Interessen bei der Übermittlung der Informationen der DNS, vor allem, was die Genauigkeit der Übermittlung angeht. Die Stabilität der genetischen Informationen ist im besten Interesse des Individuums. Damit das Individuum überleben kann, muß es gut konstruiert und gut in Schuß sein. Vorausgesetzt, die Eltern des Individuums waren frei von Behinderungen auf Grund genetischer Defekte, dann ist es im Interesse des Nachkommen, möglichst genaue DNS-Kopien der elterlichen Genomen zu erben. Veränderungen in der Nukleotidsequenz der DNS, genannt Mutationen, können chemisch oder durch von Röntgenstrahlen verursachte Schäden der DNS-Ketten auftreten. Mutationen können auch Folge von Irrtümern bei der Basenpaarung während der Replikation oder von Umgruppierungen auf dem Chromosom sein, d. h. Verschiebung von DNS-Segmenten von einem Ort auf dem Chromosom zu einem anderen.

Das Individuum: «Keine Irrtümer, bitte»

Um Irrtümer, die zu Mutationen führen, zu vermeiden, wenden die Zellen Korrekturlesemechanismen an, die in die DNS-Polymerase eingebaut sind. Frisch synthetisierte DNS wird nach Fehlern bei der Basenpaarung abgesucht und gegebenenfalls verbessert. Spezifische Enzyme entfernen Nukleotide, die strahlengeschädigt sind. Thymin-Dimere, ein häufiges Beispiel, bei dem benachbarte Thymin-Basen einer Kette verbunden sind, werden herausgeschnitten und ersetzt. Aber trotz dieser Vorsichtsmaßnahmen kommt es zu Fehlern. Mutationen können jedes Gen und jedes DNS-Segment treffen und seine Aktivität auf unerwartete Weise verändern. Viele Veränderungen haben praktisch keine Auswirkungen auf die Lebensfähigkeit des Individuums. Ein Nukleotidwechsel in einer DNS-Region zwischen Genen, die keinen Code für ein Protein trägt, mag nur geringen oder gar keinen Einfluß auf die Funktionen des Organismus haben. Nukleotidwechsel in funktionalen Genen sind im allgemeinen jedoch schädlich. Wenn ein Computerhersteller willkürlich die Spezifikationen für die Verkabelung eines Schaltbretts veränderte (was einer zufälligen Mutation entspräche), indem er anstelle von Resistoren Kondensatoren oder Transistoren anstelle von Mikrochips einbaute, würde das Gerät höchstwahrscheinlich nicht mehr funktionieren. Für komplizierte Maschinen, wie Computer oder Menschen, werden **zufällige** Veränderungen von Schaden sein.

Spezies: 1) Bastelei ermöglicht Variation

Die Mutationsfähigkeit genetischer Information ist entscheidend für das Überleben der Spezies. Um in unserem Bild zu bleiben: eine sehr, sehr kleine Zahl zufälliger Veränderungen in der Konstruktion könnte den Computer tatsächlich verbessern. Die meisten Computerhersteller lassen strikte Qualitätskontrollen durchführen, um sicherzustellen, daß keine Fehler vorkommen, und sie beschäftigen Ingenieure und Marktanalytiker, um sorgfältig geplante Verbesserungen am Produkt vorzunehmen. Die Natur dagegen bedient sich keiner Analytiker und Ingenieure, um die DNS-Konstruktionspläne weiterzuentwickeln. Trotzdem bleibt die Notwendigkeit der Weiterentwicklung groß. Also müssen die Arten Zehntausende von genetischen Irrtümern tolerieren, die ihren Nachkommen aufgebürdet werden und die ihre Überlebensfähigkeit etwas verringern, um durch Zufall die eine geringe genetische Verbesserung zu erhalten, die die Überlebensfähigkeit steigert.

2) Introns und Evolution

Die Existenz von Exons und Introns und der Spleißmechanismus sind zusätzliche Mittel der Evolution. DNS-Exon-Segmente, die in Introns von Genen umgesetzt werden, können mit Hilfe des Spleißmechanismus Proteincodierungs-Sequenzen zu der m-RNS hinzufügen. Anschließend können nun neue Peptide in das Protein eingefügt werden. Sollte ein solches Exon ein durch Kettenfaltung entstandenes Proteinstück codieren, könnte der Prozeß der «Exon-Schiebung» in wenigen evolutionären Schritten alte Proteine mit neuen Aktivitäten erfüllen. Das Spleißen erlaubt auch das «Herumbasteln» an der Proteinstruktur auf der RNS-Verarbeitungsstufe der Genaktivierung, indem die Codierungs-Sequenzen, die im m-RNS-Produkt erhalten bleiben, variiert werden.

Mutationen können durch viele Mechanismen verursacht werden. Die Spezies als Ganzes ist von der Mutationsfähigkeit ihrer genetischen Information abhängig, um eine Fortentwicklung zu ermöglichen. Das Individuum jedoch baut auf die unveränderte, absolut getreue Übermittlung der genetischen Informationen in den Keimbahnzellen, um vor genetischen Mißbildungen sicher zu sein.

3) Krebs und die Genetik der Somazellen

Die Keimbahnzellen liefern die DNS für zukünftige Generationen. Beim Individuum jedoch findet genetische Übermittlung auch durch die **Soma**zellen (Körperzellen) statt. Obwohl somatische Mutationen keinen direkten genetischen Konsequenzen für zukünftige Generationen haben, zeigt uns unser neues Verständnis der Krebsursachen doch, daß sie erhebliche Folgen für das Individuum haben können. Krebs ist eine somatische, genetische Krankheit, ein Beispiel für natürliche Auslese unter Somazellen, die gegen den Menschen arbeitet.

Im Erwachsenenalter bleibt die Zahl der Zellen in unserem Körper relativ konstant. Einige Zellen, wie die Nervenzellen, die «endgültig differenziert» sind und sich nicht teilen, bleiben während der gesamten Lebenszeit des einzelnen in Funktion und werden nicht erneuert. Andere Zellen, wie die roten Blutkörperchen, verfügen über eine begrenzte Lebensspanne. Sie werden regelmäßig in der Milz inspiziert und aus dem Verkehr gezogen, wenn sie fehlerhaft sind.

Die Kontrolle der Zellteilung ist eine entscheidende Funktion in der Gesellschaft der Zelltypen, die den erwachsenen Körper ausmachen. Zellen dürfen sich nur auf sorgfältig vorprogrammierte Signale hin vermehren. Geht die Zellteilung unkontrolliert vor sich, außerhalb des normalen Rahmens der Zellerneuerung, entsteht ein Tumor. Wenn die Tumor-Zellmasse die Funktionsfähigkeit lebensnotwendiger Organe beeinträchtigt, ist der Tumor lebensbedrohend. Wir wissen heute, daß viele Krebsarten Folge somatischer Mutationen sind, die Krebszellen mit der (nicht wünschenswerten) Fähigkeit ausstatten, sich zu vermehren. Mutationen somatischer Zellen, die eine Ausbreitung zulassen, erlauben es dem mutierten Zelltyp durch eine grausame Form der natürlichen Auslese, auf Kosten ihrer Nachbarn und letztlich auch auf Kosten des Individuums zu gedeihen.

Mutationen, die Krebs verursachen

Wissenschaftler haben mit Hilfe einer Methode der Wachstumsauslese die genetischen Veränderungen, die normale Zellen in Krebszellen verwandeln, identifiziert. Aus Tumoren gewonnene DNS wurde in kultivierte, nicht bösartige Zellen eingeschleust. Diejenigen Zellen, die das Gen für Krebswachstum aufnahmen und aktivierten, vermehrten sich in den Gewebekulturen der Forscher. Sie waren umgewandelt worden; man spricht dabei von Transformation. Dieses unkontrollierte Wachstum der transformierten Zellen ahmte Krebswucherungen im Organismus nach.

Das neuerworbene Gen, Onkogen genannt, das ursprünglich aus dem Tumor stammte und das für die Transformation der Zellen verantwortlich war, wurde durch Klonung isoliert und das Protein, für den es den Code trug, identifiziert. In normalem Gewebe fanden sich Gegenstücke zum Onkogen, die man Proto-Onkogene nannte. Auch die Proto-Onkogene wurden durch Klonung isoliert. Auf diese Weise konnten mehrere normale (Proto-Onkogen) und karzinogene (Onkogen) Genpaare identifiziert werden. Bei dem am besten untersuchten Beispiel, dem **Ras-**

gen, wurden die DNS-Nukleotid-Sequenzen des Proto-Onkogens und des Onkogens bestimmt und miteinander verglichen. Das Ras-Onkogen von einem Dickdarmkrebs wies gegenüber dem normalen Proto-Onkogen nur ein einziges verändertes Nukleotid auf. Eine G-Base im Codon für die zwölfte Aminosäure des Rasgen-Proteins war zu einer T-Base geworden. Während das Proto-Onkogen ein Protein festlegte, dessen zwölfte Aminosäure ein Glycin war, machte das Onkogen ein Protein, das so gut wie identisch war, jedoch mit der Ausnahme, daß an der zwölften Position Valin auftauchte.

Warum war diese Veränderung des Nukleotids wichtig? Die normale wie die transformierte Zelle machen gleiche Mengen des Rasgen-Proteins. Folglich ist bei der Zelltransformation keine Veränderung des Aktivitätsgrades impliziert. Statt dessen scheint das onkogene Potential der mutierten Zelle in der Festlegung eines veränderten Proteins, das über eine mutierte Struktur verfügt, zu liegen. Untersuchungen anderer Tumore ergaben ebenfalls in einigen Fällen, daß das Onkogen ein Rasgen war. In jedem dieser Fälle lag die Abweichung in der Rasgen-DNS-Struktur, die ein normales Ras-Proto-Onkogen in ein Onkogen umwandelte, im zwölften Codon. So wurde in anderen Beispielen Glycin ersetzt durch Asparagin, Serin oder Lysin.

Noch verstehen wir die Funktion des Rasgen-Proteins in gesunden Zellen nicht ganz, oder warum seine Mutation unkontrolliertes Zellwuchern auslöst. Offensichtlich spielt das Ras-Protein eine entscheidende Rolle bei der Kontrolle des Zellwachstums. Wenn Glycin, eine kleine Aminosäure, ersetzt wird durch eine große, wird die Ras-Proteinfunktion offenbar beeinflußt. Wahrscheinlich kann sich die mutierte Proteinkette nicht falten, um eine voll funktionstüchtige Struktur anzunehmen. Wie ein winziger Konstruktionsfehler, der zum Versagen der Bremsen eines Autos führt, kann die Mutation des Ras-Onkogens eine Katastrophe auslösen!

Die erst kürzlich gemachten Entdekkungen der Onkogene sind eine direkte Folge der technischen Fortschritte in der Genmanipulation. Durch Gentransfer, Gewebekultur-Selektion, DNS-Klonung und Sequenzierung können wir die Struktur eines jeden Gens oder seiner Mutanten offenlegen und die Sequenz seines Proteinprodukts vorhersagen. Unglücklicherweise können wir all diese neuen Informationen schneller sammeln als vergleichen und interpretieren. So wissen wir zwar, daß das mutierte Ras-Onkogen ein «Krebs-Verbrecher» ist, doch kennen wir noch immer nicht den genauen Verlauf des Verbrechens gegen die Zellwachstums-Regulierung.

Sind wir mehr als das, wozu uns die DNS gemacht hat?

Da es jetzt im Prinzip möglich ist, die genetische Struktur eines jeden Organismus zu entschlüsseln, können wir uns fragen, zu welchem Grad der Organismus direkt von der DNS bestimmt wird. Steht zum Beispiel die Komplexität der DNS in direkter Beziehung zu der des Organismus? Während frühere Untersuchungen über bakterielle Gene den Eindruck vermittelten, die meisten bakteriellen DNS trügen Codes für Protein, mußten Wissenschaftler überrascht und verwirrt feststellen, daß bei Tierzellen nur 10% der DNS Protein codierten. Bis heute ist die Funktion des größten Teils der DNS in Tierzellen noch unbekannt, und einige Wissenschaftler haben vorgeschlagen, daß sie überhaupt keine funktionale Rolle hat. Wie auch immer, wir können die gesamte DNS-Menge in den Zellen verschiedener Organismen bestimmen und diese Ergebnisse in Relation setzen zur morphologischen Gesamtheit. Wir wissen, daß eine Froschzelle 3,5 Pikogramm DNS enthält, eine menschliche Zelle 3,4 Pikogramm und eine Zelle der Lilie 32,8 Pikogramm. Aus diesen Daten ersehen wir, daß die DNS-Menge kein Indiz für die strukturelle Komplexität eines Organismus ist. Weiter: Ein Mäusegehirn hat etwa sechs Millionen Zellen, während das Hirn eines Menschen zig Milliarden Zellen hat. Darauf gibt es im DNS-Gehalt dieser Zellen aber keinen Hinweis.

Wir haben bereits festgestellt, daß die DNS eines Organismus, überliefert durch die Keimzellen, die endgültige Gestalt eines Erwachsenen bestimmt.

Wenn wir nun alle strukturellen Details der Gene eines Organismus kennen würden, einschließlich der kompletten Nukleotid-Sequenz der DNS, wären wir dann in der Lage, die Gestalt vorherzusagen? Mit anderen Worten: Wie funktioniert die DNS eigentlich genau, um die Struktur des Organismus zu bestimmen?

Wir wissen, daß die DNS die lineare Sequenz der Aminosäuren im Protein-Translationsprodukt festlegt. Doch beruhen die entscheidenden Merkmale der Proteine nicht nur auf ihren Aminosäuresequenzen, sondern auch auf der dreidimensionalen Struktur der gefalteten Proteinketten. Subtile physikalische und chemische Interaktionen zwischen verschiedenen Aminosäuren der Kette und zwischen der Kette und ihrem chemischen Umfeld bestimmen die genaue Art der Faltung. Wir können zwar die lineare Sequenz der Aminosäuren von der DNS ableiten, doch die Bestimmung der Faltung liegt an der Grenze unserer gegenwärtigen Fähigkeiten. Und wenn wir nichts über das Gen wüßten, abgesehen von seiner Struktur, hätten wir große Schwierigkeiten, die Funktion seines Proteins zu deduzieren.

Wenn wir in Betracht ziehen, daß jede Zelle Zehntausende verschiedener Proteine hat und der Körper aus zig Milliarden von Zellen besteht, wird das Problem der Ableitung immens. Um schließlich die verschiedenen Stoffwechselvorgänge, die den Alltag einer Zelle ausmachen, zu deduzieren, müßten wir die Grenzen unseres heutigen Wissens weit überschreiten. Die Fortschritte der «neuen Biologie» mögen also noch so beeindruckend sein, um die molekularen Mechanismen der Entwicklung aufzudecken, reichen ihre Techniken bei weitem noch nicht aus.

Glücklicherweise erlaubt uns die mehr traditionelle Genetik einige Einblicke. Ein einfacher Weg, um Entwicklung zu untersuchen, ist die Analyse von Organismen mit Mutationen in bestimmten Genen, die die Differenzierung kontrollieren, und die Beobachtung der Folgen im erwachsenen Organismus. Wir werden sehen, daß die Veränderungen komplexer Natur sind, als wir auf Grund unserer Untersuchungen simpler bakterieller Modelle angenommen hätten. Die Natur hat solche Experimente bereits für uns durchgeführt: Ein Beispiel ist der **Albinismus.**

Genetische Fallstudien: 1) Albinismus
Zu den auffallenden Merkmalen des Albinismus zählen helle Haut und rote Augen bei Menschen oder die deutlichen schwarz-weißen Muster bei Siamkatzen. Die Mutation findet vermutlich in einem Gen statt, das die Struktur eines Enzyms (Tyrosinase) festlegt. Die Tyrosinase spielt eine entscheidende Rolle bei der Synthese des Pigment-Melanins. Die helle Hautfarbe (oder das helle Fell bei Katzen) ist eine direkte Folge des Fehlens von Melanin. Doch das ist nur ein Teil der Geschichte. Melanin findet sich auch in der Epithelschicht des Auges. Albinos fehlt dieses Pigment: Sie haben rote Augen. Aus Gründen, die wir noch nicht genau erklären können, veranlaßt das Fehlen des Melanins in der Epithelschicht hinter der Retina den Sehnerv, auf abnorme Weise zu projizieren. (Dies kann man bei Menschen wie bei Siamkatzen beobachten.) Albinos verfügen über ein sehr begrenztes Gesichtsfeld und/oder nicht-räumliches Sehen. Was scheinbar eine einfache Mutation ist, die die Hautpigmentierung beeinflußt, verursacht einen Nebeneffekt, der mehrere neurologische Probleme schafft. Ein einziges Gen hat Konsequenzen für viele Aspekte der Entwicklung eines Organismus. Auf Grund dieser Komplexität können wir von dem Gen, das den Code für das Enzym Tyrosinase birgt, nicht sagen, es codiere auch unmittelbar für das Sehen oder gar für die Impulsleitung des Gehirns.

2) Gene contra Umwelt in der Sexualität
Auch das Verhalten von Tieren hängt sowohl von genetischen als auch von Umfeldfaktoren ab. So ist zum Beispiel die Entwicklung der Geschlechtlichkeit von Tieren und Menschen nicht so eindeutig «genetisch determiniert», wie man glauben mag. Das hormonale Umfeld des sich entwickelnden Fötus kann entscheidende Bedeutung für die spätere sexuelle Entwicklung und Aktivität haben.

Die charakteristische Stellung der weiblichen Ratte während des Geschlechtsverkehrs ist als Lordose bekannt. Das Weibchen krümmt seinen Rücken und schwenkt seinen Schwanz zur Seite, um das männliche Geschlechtsorgan aufzunehmen. Die Männchen dagegen besteigen die Partnerin. Männliche Ratten, die bei der Geburt kastriert wurden, verhalten sich als Erwachsene jedoch wie Weibchen und gehen in die Lordose-Stellung, anstatt zu besteigen. Eine Ratte, die genetisch männlich ist, benimmt sich also wie ein Weibchen. Das kann verhindert werden, indem der Ratte in der Zeit direkt nach der Geburt männliche Hormone gespritzt werden. Erfolgt die Injizierung jedoch später, verfehlt sie ihre Wirkung, und die Ratte wird beim Geschlechtsakt die Position des Weibchens einnehmen. Bei Weibchen kann die Lordose unterdrückt werden, indem die Eierstöcke entfernt werden.

Diese kruden Experimente weisen nur auf die subtilen Variationen im sexuellen Verhalten hin, die sich aus verschiedenen hormonalen Umfeldern des Fötus ergeben. Die Gehirne männlicher Wesen unterscheiden sich anatomisch und neurochemisch von denen weiblicher Wesen, und die Unterschiede entwickeln sich während der **in utero**-Periode. Weibliche Gehirne werden jedoch modifiziert, wenn wegen eines männlichen Geschwisters männliche Hormone im Uterus vorhanden sind.

Genetische Verhaltensprogramme

Während Umfeldfaktoren, ob nun **in utero** oder nach der Geburt, mit Sicherheit die Art und Weise beeinflussen, in der Gene ausgedrückt werden, ist auch sehr wahrscheinlich und seit langem beobachtet, daß genetisch determinierte Verhaltensmuster eine wichtige Rolle spielen.

Der holländische Ethologe Nikolas Tinbergen, der heute in England lebt, zeigte vor vielen Jahren, daß einige Tiere relativ festgelegten Verhaltensmustern folgten. Mit einem berühmten Beispiel, dem Stichling, demonstrierte Tinbergen, daß das Paarungsritual einem genau vorgegebenen Ablauf von Handlungen folgte, die jeweils durch ein definitives physisches Signal eingeleitet wurden. Der männliche Stichling bekam zum Beispiel während der Paarungszeit einen roten Fleck auf dem Bauch. Das Weibchen folgte einem Männchen mit Fleck zu seinem Nest. Jedes irgendwie fischförmige Ding mit dem roten Zeichen konnte das Weibchen jedoch auch führen. Wurde das Objekt aber umgedreht, so daß der Fleck nun oben war, folgte das Weibchen nicht. Der gesamte Paarungsvorgang der Stichlinge erforderte deutliche Signale, die in der exakten Reihenfolge zu erfolgen hatten. Dabei war es unbedeutend, ob diese Zeichen von einem männlichen Stichling oder einer Attrappe kamen. Das Erscheinen des Zeichens löste das entsprechende Verhalten aus. Tinbergen folgerte aus diesen Beobachtungen, daß dieses Verhalten nicht erlernt sei, sondern genetisch kontrolliert werde.

Jüngere Untersuchungen der Aplysia, einer Meeresschnecke ohne Haus, die die Größe eines menschlichen Gehirns erreicht, haben tatsächlich zur Isolierung einiger Gene geführt, die das Paarungsverhalten dieser Tiere kontrollieren. So folgt das Verhalten beim Eierlegen einer genauen Handlungsfolge, einem rigiden Verhaltensmuster, das phänotypisch für die Art ist: Kopulation, Ausstoß eines Eistrangs aus einem Kanal, zunehmender Herzschlag, Wiegen des Kopfes, Auffangen des Eistrangs mit dem Mund, Aufwickeln des Strangs zu einer Spule und Ablegen des Strangs auf einem Stein. Dieses Verhalten wird ausgelöst durch Peptidhormone, die mehrere Aminosäuren lang sind und in den «Beutelzellen» der Aplysia produziert werden, wenn sie in ein jungfräuliches Tier injiziert werden. Die Laboratorien von Richard Axel und Eric Kandel haben das Gen für das Eilege-Hormon geklont. Von seiner DNS-Sequenz deduzierten sie, daß die Peptidhormone, die für dieses Verhalten verantwortlich sind, durch Spaltung eines größeren Proteins erzeugt werden, das in der Beutelzelle synthetisiert wird. Die Untersuchung legt nahe, daß verschiedene Peptidhormone, die von dem größeren Peptid abgespalten werden, jeweils andere Schritte in der Eierlege-Zeremonie aktivieren. Folglich bestimmt ein Gen direkt den Ablauf dieser Handlungen, wobei unterschiedliche Segmente des Gens verantwortlich für verschiedene Abschnitte der Zeremonie sind.

Verhalten außerhalb des genetischen Einflußbereichs

Allerdings beweisen diese Beispiele bei weitem nicht, daß jedes Verhalten genetisch determiniert ist. Gene operieren nicht in einem Vakuum. Die Rituale der Stichlinge werden ausgelöst durch verschiedene Umweltsignale. Tauchen sie nicht auf, findet das Ritual nicht statt. Natürlich könnten wir im Prinzip den Ablauf der Handlungen verändern, indem wir ein oder zwei Gene manipulieren. Doch die meisten Verhaltensweisen werden nicht von spezifischen Genen kontrolliert. Unsere Sprachfähigkeit hat sicherlich eine genetische Grundlage in der Organisation des Gehirns, doch wird die Sprache, die wir sprechen, nicht durch unsere Gene bestimmt. Die Kinder englisch sprechender Eltern werden nicht mit einem «Englisch-Gen» geboren, ebensowenig wie die Kinder japanischer Eltern mit «Japanisch-Genen» zur Welt kommen. Wir werden vielmehr mit der Fähigkeit geboren, **jede** Sprache zu erlernen, der wir ausgesetzt werden. Es gibt keine Gene für eine bestimmte Sprache, und es gibt auch keine Gene für bestimmte Gedanken. Sprache und Gedanken sind also – obwohl sie natürlich von der genetisch bestimmten **Fähigkeit** zu lernen abhängen – zum großen Teil beeinflußt von Umweltfaktoren, die nicht genetisch programmiert werden können.

Bioengineering-Lösungen für genetische Erkrankungen

Es gibt bestimmte psychische Erkrankungen (wie z. B. Schizophrenie), die möglicherweise auf physiologische Dysfunktionen zurückzuführen sind. Diese Erkrankungen werden heute durch Medikamente unter Kontrolle gehalten, mit unterschiedlichen Resultaten. Das Problem besteht zum Teil darin, daß wir noch nicht genau wissen, worin die physiologische Störung besteht. Und wir wissen auch noch nicht, ob sie eine genetische Ursache hat. Doch in den Fällen, wo die Krankheit eindeutig eine genetische Ursache hat, könnte das Engineering da zur Heilung angewandt werden? Sichelzellenanämie ist zum Beispiel eine Krankheit, bei der Nukleotidwechsel im Beta-Globingen ein mutiertes Globinprotein erzeugen, das veränderte sauerstoffbindende Eigenschaften besitzt. Bietet die neue Technik uns eine Möglichkeit, nicht korrekt funktionierende Gene zu reparieren?

Noch befinden wir uns in den ersten, experimentellen Phasen der klinischen Anwendung, doch deutet ein Experiment aus jüngster Zeit auf einige der Zukunftsperspektiven hin. Ende 1982 berichtete ein Team von Wissenschaftlern, sie hätten Mäuse aufgezogen, die ungefähr doppelt so groß wie normal seien.

Das Wachstumshormon ist ein Protein, das grundlegende Bedeutung für die Entwicklung einer Zelle hat. Zu den schlimmeren Auswirkungen abnormal hohen Hormonstandes gehört die Auslösung von Gigantismus beim Menschen. Die Wissenschaftler beschlossen daher, zu versuchen, das Gen für das Wachstumshormon in ein Mäuseembryo einzuschleusen, es zu aktivieren und eine unnormal große Maus herzustellen. Da die Kontrollregionen des Wachstumshormons seine Aktivierung eventuell verhindert hätte, wurde das Gen an die Transkriptions-Kontrollregion des Metallothioneingens der Maus – ein Gen, das durch die Gegenwart schwerer toxischer Metalle angeschaltet wird – angeheftet. Der Vorteil dieser Promoter-Kontrollregion besteht darin, daß sie in den meisten Geweben der Maus aktiv ist, wenngleich der Grad der Aktivierung sich von Gewebe zu Gewebe unterscheidet. Man nahm also an, daß der Promoter für das Metallothioneingen in den meisten Zellen des Mäusekörpers aktiv sein werde und daß er das Wachstumshormon-Gen, das an ihn angeheftet war, mitaktivieren würde.

Die Wissenschaftler injizierten den mit dem Wachstumshormon verbundenen Metallothionein-Promoter in den Pronucleus (Vorkern) eines befruchteten Mäuseeies und pflanzten das Ei dann in den Reproduktionstrakt einer

Ammenmaus ein. Das fremde DNS-Fragment wurde offenbar in das Embryo-Genom integriert, und da sein Promoter von dem Metallthioneingen war, wurde das Wachstumshormon effektiv aktiviert. Das Resultat war die «Riesenmaus».

Der Erfolg dieser Experimente weist sowohl auf die Möglichkeiten neuer therapeutischer Prozeduren zur Korrektur genetischer Defekte als auch auf die vielleicht fragwürdigeren Zukunftsperspektiven mit gigantischen Kühen, Hühnern etc. hin. Aber er verdeutlicht auch, wie begrenzt unsere heutigen Techniken noch sind.

Das Wachstumshormon wurde im gesamten Körper der Maus aktiviert. Viele genetische Defekte aber sind spezifisch für einzelne Zelltypen, und gegenwärtig gibt es noch keinen Weg, Gene nur im Bereich ganz bestimmter Zellen anzuschalten. Vielleicht wird dieser eines Tages gefunden werden, doch erfordern zumindest die heutigen Techniken noch, daß das «korrigierte» Gen in den Embryo eingeschleust wird. Dies begrenzt aber die klinische Nützlichkeit, da wir wahrscheinlich nicht genug über das Genom des ungeborenen Kindes wissen werden, um seine Gene manipulieren zu wollen, solange es noch ein Embryo in den frühesten Entwicklungsstadien ist. Die Technik mag sich eines Tages als nützlich erweisen, um allgemeine somatische Störungen genetischen Ursprungs zu beheben, obwohl bis dahin noch viele, viele Probleme zu lösen sein werden.

Es ist nicht vorhersehbar, inwiefern zukünftige Entdeckungen unser gegenwärtiges Verständnis von der Natur der DNS verändern werden. Die Wissenschaft ist eine riesige Wundertüte. Und die Überraschungen sind es, die unsere endlose Neugier aufrechterhalten.

Doch die DNS ist nur ein Teil der Geschichte. Sie birgt den Code für die linearen Sequenzen der Aminosäuren, die die Proteinstruktur bilden. Doch die Hinweise auf die morphologischen und chemischen Eigenschaften der Organismen sind ziemlich unklar. Die fossilen Knochen der Dinosaurier lassen uns einen Blick auf die Morphologie dieser lange ausgestorbenen Tiere werfen. Sollte eines Tages ein erhaltenes Stück DNS unter den fossilen Überresten gefunden werden, könnten wir – auf dem gegenwärtigen Stand unseres Wissens – das Tier kaum rekonstruieren. Hätte die Natur uns die DNS und nicht die Fossilien überliefert, wären wir nicht in der Lage, uns einen Dinosaurier vorzustellen, und wir hätten keinen Anhaltspunkt über seine Größe. Wir wären bestenfalls in der Lage, ein Saurier-Globingen zu klonen und es mit modernen Globingenen zu vergleichen.

Durch die DNS haben wir unsere Vorstellungen vom Leben revolutioniert. Wir haben das Tor zu neuen Techniken aufgestoßen, die für uns von großem medizinischen und sogar industriellen Nutzen sein können. Die DNS für sich genommen ist jedoch nichts als ein Plan ohne einen Zusammenhang. Vollständige Organismen sind weit komplexer als die DNS. Die Entdeckung der DNS hat unsere Neugier geweckt und unser Verlangen nach mehr Wissen geschürt. Ein phantastisches Molekül – das ist die DNS gewiß. Und sie wird auch weiterhin ebenso viele Fragen aufwerfen, wie sie beantwortet.

GLOSSAR

AMINOSÄUREN
Der Grundbaustein der Proteine. Es gibt zwanzig verschiedene Arten von Aminosäuren (z. B. Glycin, Alanin, Lysin), die bei der Proteinsynthese im Ribosom, entsprechend der codierten genetischen Information in der messenger-RNS, aneinandergereiht werden. Die Aminosäuren sind in der Proteinkette durch Peptidbrücken verbunden.

ANTICODON
Triplett von Basen in der transfer-RNS, das sich mit einem Codon in der m-RNS paart (siehe CODON).

BEFRUCHTUNG
Die Verschmelzung von Spermium und Eizelle.

CHROMATIN
Aus Nukleinsäuren und Proteinen bestehende, gut färbbare, netzartige Struktur des Zellkerns (Chromosom). Bei Eukaryonten ist die grundlegende Struktureinheit des Chromatin das Nukleosom (siehe NUKLEOSOM).

CHROMOSOM
Eine große Chromatinstruktur, von der man annimmt, daß sie aus einer einzigen, sehr häufig gefalteten DNS-Kette und Proteinen besteht. Bei Eukaryonten bilden die Chromosomen schon vor der MITOSE kreuzförmige Strukturen und verdoppeln sich, so daß bei der Zellteilung dann identische Sätze von Chromosomen (und damit Genen) in jeden Tochterkern gelangen.

CODON
Basentriplett in der m-RNS, das den Code für eine Aminosäure trägt.

DNS-HELIX (A-, B- UND Z-FORM)
Die DNS tritt in unterschiedlichen Doppelspiralformen auf, je nach Art ihrer Lösung und Nukleotidsequenz. In der A-Form, die vor allem bei geringem Wassergehalt auftritt, ist die Helix rechtsgewunden und die Basen liegen schräg zur Spiralachse. Bei höherem Wassergehalt und wahrscheinlich ebenso in der lebenden Zelle, hat die DNS meist die B-Form, ebenfalls rechtsgewunden, wobei die Basen allerdings fast rechtwinklig zur Achse liegen. Wenn die DNS-Sequenzen abwechselnd aus Purinen und Pyrimidien (z. B. GCGCGCG) bestehen, hat die DNS eine linksgewundene, die Z-Form.

DIPLOID
Bezogen auf eine Zelle: Besitz zweier kompletter Chromosomensätze (siehe HAPLOID).

EINZELSTRANG-DNS (-RNS)
DNS- (oder RNS-)Kette, bei der die Basen nicht mit einem zweiten, komplimentären Strang gepaart sind. Im Gegensatz zu doppelsträngigen Nukleinsäuren, die relativ rigide längliche Strukturen bilden, sind Einzelstränge schlaff und bilden leicht Schlaufen.

ENZYM
Ein Proteinmolekül, das biochemische Reaktionen katalysiert. Zum Beispiel Beta-Galactosidase, die die Hydrolyse (Spaltung einer chemischen Verbindung unter Wassereinfluß) spezifischer Zuckerverbindungen (Beta-Galactoside) katalysiert; oder die RNS-Polymerase, die die Bindung verschiedener Ribonukleinsäuren katalysiert, um eine RNS-Kette zu bilden. Enzyme unterscheiden sich von künstlichen Katalysatoren dadurch, daß die von ihnen herbeigeführten Reaktionen äußerst spezifisch sind und daß sie unter physiologischen Bedingungen funktionieren.

EPIGENESE
Die Theorie, daß die Entwicklung des Organismus sich durch Interaktion von Genen und Umwelt vollzieht. Die Epigenese geht davon aus, daß die DNS zwar den Bauplan für den Orga-

nismus enthält, daß die genaue Bauausführung jedoch von Umwelteinflüssen abhängt.

ESCHERICHIA COLI
Ein Darmbakterium, abgekürzt E.coli, das wegen seiner vorzüglichen Handhabbarkeit zu den besterforschten Objekten zählt.

EUKARYONTEN
Organismen, deren Zellen über Kerne (Nuklei) verfügen; dazu gehören Pflanzen, Tiere, Protozoen (einzellige Tiere) und Fungi (Pilze). (Siehe PROKARYONTEN)

EXON
Fortlaufendes, codiertes Segment eines eukaryontischen Gens. Viele eukaryontischen Gene sind «gespalten» und haben Exons, die von sinnloser DNS (Introns) unterbrochen werden. Das Exon ist also ein Teil des Gens, das Protein codiert (siehe INTRON).

F-FAKTOR
Der Fertilitäts-Faktor: ein Stück der DNS, das «Männlichkeit» auf ein Bakterium überträgt.

GEN
Ein DNS-Abschnitt, der die Ausbildung eines bestimmten Merkmals bei der Vererbung steuert. Jedes Gen ist während der Proteinsynthese für die genaue Sequenz der Aminosäuren einer Polypeptidkette verantwortlich, die im Code festgeschrieben ist.

GENOM
Die gesamte genetische Information einer Zelle oder eines Virus, also die Gesamtheit aller in einem haploiden Chromosomensatz einer Zelle enthaltenen Gene.

GENETISCHER CODE
Der von lebenden Organismen benutzte Code, um genetische Informationen zu speichern. Der Code besteht aus Basentripletts (Codons) in der DNS (bzw. m-RNS), die bestimmte Aminosäuren in Proteinen festlegen.

GENOTYP
Die genetische Ausstattung eines Organismus, festgelegt im Erbgut, in den Genomen. (siehe Phänotyp).

HAPLOID
werden Zellen genannt, die nur über einen einzigen Satz Chromosomen verfügen. Geschlechtszellen sind haploid, und bei einigen Organismen (Bienen und Wespen) sind auch somatische Zellen haploid. Bei der Befruchtung erhält das haploide Ei einen zweiten Chromosomensatz vom Spermium, wodurch eine diploide Zelle entsteht (siehe DIPLOID).

HISTONEN
Proteine (reich an basischen, d. h. positiv geladenen Aminosäuren) in den Chromosomen. Es gibt fünf Haupttypen von Histonen. Nukleosome bestehen aus einer Spirale aus DNS, die um einen Histonkern gewunden ist.

HORMONE
Substanzen (oftmals kleine Polypeptiden oder Proteine), die in einer Gruppe von Zellen im Körper synthetisiert werden, um dann die Funktion anderer Zelltypen (oder Organe) des Körpers zu beeinflussen.

HYBRIDISIERUNG
Die Bildung doppelsträngiger DNS-DNS-, DNS-RNS- oder RNS-RNS-Komplexe aus einsträngigen DNS oder RNS. Hybriden können nur entstehen, wenn die Basenfolgen der beiden Stränge komplementär sind. Auch eine Technik zur Bestimmung von Sequenzübereinstimmungen zwischen zwei Nukleinsäuremolekülen.

IMMUNOGLOBULINE
Antikörper. Sie bestehen aus «leichten» und «schweren» Proteinketten, die in Form eines Y miteinander verbunden sind.

INDUKTOREN
Kleine Moleküle (oftmals Metaboliten – Stoffwechselprodukte – wie Zucker), die sich mit dem Repressorprotein verbinden und es so vom Operator lösen (siehe OPERATOR).

INSULIN
Ein Polypeptidhormon, das von spezialisierten Zellen in der Bauchspeicheldrüse gebildet wird und das die Glukosemenge im Blut und so die Energieproduktion reguliert. Es regt die Aufnahme von Glukosezucker durch Muskel-

zellen und die Synthese von Protein an. Das Insulin war das erste Protein, dessen vollständige Aminosäuresequenz bestimmt wurde (und zwar von F. Sanger in Cambridge).

INTRONS
DNS-Sequenzen bei Eukaryonten, die innerhalb der Gene liegen, jedoch keinen Code für Protein haben. In den meisten Fällen haben Introns keine offensichtliche Funktion. Durch ihre Gegenwart wird die codierende Region des Gens in verschiedene Abschnitte, die Exons, gespalten. Bei der Synthese der m-RNS werden die Introns in der RNS wiederholt, werden jedoch durch Splicing (spleißen) entfernt, wodurch der Zusammenhang der Codesequenz wiederhergestellt wird (siehe EXON).

JUNK-DNS
(Schrott-DNS) DNS ohne offensichtliche Funktion. Ungefähr 90% der DNS von Tierzellen bergen keinen Code für Protein, und man nimmt an, daß es sich dabei um «junk-DNS» handelt. Möglicherweise besteht ein Zusammenhang mit den «egoistischen Genen», von denen Dawkins spricht, und deren einziges Ziel die Selbsterhaltung ist, ohne für den Organismus von irgendeinem Nutzen zu sein.

KEIMZELLEN
Zellen, aus denen sich die Spermien und die Eier entwickeln und die somit genetische Informationen an nachfolgende Generationen übermitteln. Sie werden schon frühzeitig während der Entwicklung des Embryos gebildet und teilen sich später durch Meiose, um die Gameten (Spermium und Ei) zu bilden.

KOMPLEMENTÄRE STRÄNGE
DNS-Stränge, deren Basensequenzen sich paaren, um eine Doppelhelix zu bilden. Wenn die Base G auf dem einen Strang gegenüber C auf dem anderen liegt und A gegenüber T (bzw. U in der RNS), wie durch die Regeln der Basenpaarung festgelegt, spricht man von komplementären Sequenzen.

KONSTITUTIVE MUTANTEN
Kategorie von Mutanten eines regulierten Gens, die das Genprodukt unabhängig davon, ob der Induktor vorhanden ist oder nicht, herstellen (siehe REPRESSOR).

LAMARCKISMUS
Von Lamarck aufgestellte Theorie, daß erworbene Eigenschaften vererbt werden. Die meisten Biologen halten diese Theorie für falsch.

LIGASE
Ein Enzym, das DNS-Moleküle miteinander verbindet. Es verknüpft das Ende eines linearen doppelsträngigen DNS-Moleküls mit dem Ende eines anderen linearen Doppelstranges, so daß eine fortlaufende Doppelhelix entsteht.

LIPIDE
Wasserlösliche Moleküle; wichtige Bauteile von Zellmembranen, die auch als Energielager dienen. Zu den Lipiden gehören z. B. Steroide, Fettsäuren und Wachse.

LYMPHOZYTEN
Zellen im Blut (Typ weißer Blutkörperchen), die sich vermutlich in Gegenwart fremder Substanzen (Antigene) teilen und Antikörper bilden.

MEIOSE
Der Prozeß, durch den eine Zelle Tochterzellen mit der Hälfte ihrer Chromosomen hervorbringt (diploide Zellen werden haploid). Geschlechtszellen entstehen durch Meiose.

MESSENGER-RNS (m-RNS)
RNS-Molekül, das von einem Gen transkribiert wird und das die codierte Information für die Aminosäurensequenz eines Proteins enthält. Die Information in der m-RNS wird im Ribosom übersetzt (Translation). Bei Prokaryonten kann eine m-RNS den Code für mehr als ein Protein enthalten.

MITOSE
Das Stadium im Lebenszyklus einer eukaryontischen Zelle, während dem die Chromosomen sich verdoppeln und die Zelle sich teilt, wobei die Tochterzellen identische Chromosomensätze erhalten.

MUTATION

Eine Veränderung in der Struktur des genetischen Materials (z. B. in der DNS-Basensequenz), die vererbt wird. Durch Mutation können die Funktionen von Genen geändert werden.

NATÜRLICHE AUSLESE
In der Evolutionstheorie stellt die natürliche Auslese den Prozeß dar, durch den die Adaption einer Art an ihre Umwelt verbessert wird. Eine große Zahl abweichender Formen wird produziert (durch DNS-Rekombination, sexuelle Reproduktion, Mutation etc.), und diejenigen, die am besten angepaßt sind, überleben und reproduzieren sich, wobei sie ihr genetisches Material weitervererben.

NUKLEOSOM
Die strukturelle Grundeinheit des Chromatin, die aus 200 DNS-Basenpaaren, die um einen Histonkern gewickelt sind, besteht. Die Nukleosomen plus der DNS, die die Nukleosomen miteinander verbindet, bilden die Chromatinfasern des Chromosoms (siehe CHROMOSOM und CHROMATIN).

NUKLEOTID
Die Grundeinheit der DNS- (oder RNS-)Kette. Nukleotiden bestehen aus der Base (Adenin, Guanin, Cytosin oder Thymin in der DNS, in der RNS Uracil statt Thymin) und Zucker (Desoxyribose in der DNS, Ribose in der RNS) und Phosphorsäure.

OPERATOR
Der Ort auf der DNS, an den sich das Repressorprotein bindet, wodurch die RNS-Polymerase daran gehindert wird, das Operon oder Strukturgene zu transkribieren – also eine Kontrollstelle für die Transkription.

OPERON
Die Gruppe benachbarter Strukturgene, die durch einen Operator und einen Repressor kontrolliert werden.

PHÄNOTYP
Die Merkmale eines Organismus in seiner entwickelten Form. Der Phänotyp ist die Folge der Interaktion von Genen und der Umwelt (siehe GENOTYP).

PICOGRAMM
Ein Millionstel eines Millionstels eines Gramms.

PLASMID
Ein kleines, ringförmiges DNS-Molekül (in der Regel ungefähr 5000 Nukleotide lang), das sich in einem Bakterium unabhängig vom bakteriellen Chromosom repliziert.

POLYMERASE
Ein Enzym, das Nukleotide polymerisiert (vereint) und so lange Nukleinsäureketten herstellt; die RNS-Polymerase synthetisiert RNS und die DNS-Polymerase DNS.

PRIMER
Kurze DNS- oder RNS-Kette, die mit einem komplementären DNS-Strang basengepaart ist und durch DNS-Polymerase verlängert wird. Das 3′-Ende des Primer bildet den Akzeptor für die neu hinzugefügten Nukleotide und ist der Startpunkt der DNS-Synthese. Die Reverse Transkriptase bedient sich ebenfalls eines Primer, benutzt jedoch RNS als Matrize.

PROKARYONTEN
Organismen, deren Zellen keinen Zellkern (Nucleus) haben. Zu ihnen gehören die Bakterien, Blaualgen u. a. (siehe EUKARYONTEN).

PROMOTER
Der Ort auf der DNS, an den sich die Polymerase bindet, um die Transkription zu beginnen. Genauer wird der Promoter genetisch definiert als ein Ort, dessen Mutation die Transkriptionsrate eines anschließenden Gens verändert.

PROTEIN
Ein biologisches Molekül, das aus zu Ketten verbundenen Aminosäuren besteht. Die Länge der Proteine variiert von einigen zehn bis zu Tausenden von Aminosäuren. Sie dienen der Zelle als enzymatische Katalysatoren, Strukturkomponenten und im Falle der Peptidhormone als Moleküle zur Übermittlung von Informationssignalen von einem Teil des Körpers zu einem anderen.

PSEUDOGEN
Ein nicht funktionierendes Gen, meist infolge von Mutationsschäden im Lauf der Evolution.

Pseudogene können durch Verdoppelung funktionierender Gene, gefolgt von Mutation einer Kopie, die nicht mehr aktiviert werden kann, entstehen. In einigen Fällen entstehen Pseudogene durch Kopierung von m-RNS in DNS und anschließenden Wiedereinbau in die Chromosomen. Doch fehlen diesen Genen die Introns, und sie haben die gespleißte Struktur der m-RNS; sie werden «intronlose Pseudogene» genannt.

PURINE
Organische Basen mit Doppelring-Struktur, die sowohl Kohlenstoff als auch Stickstoff enthalten. Adenin und Guanin sind Purin-Basen, die in der DNS und der RNS gefunden werden und mit Desoxyribose bzw. Ribose verbunden sind.

PYRIMIDINE
Organische Basen, die sowohl Kohlenstoff- als auch Stickstoffatome enthalten, die in einer Ring-Struktur angeordnet sind. Thymin und Cytosin sind Pyrimidine, die in der DNS vorhanden sind und mit Desoxyribose verbunden sind. In der RNS ersetzt das Pyrimidin Uracil das Thymin und ist wie Cytosin mit Ribose verbunden.

REKOMBINATION
Die Umgruppierung von DNS-Abschnitten in einer Weise, daß Sequenzen, die ursprünglich in zwei verschiedenen DNS-Molekülen zu finden waren, nun in demselben Molekül anzutreffen sind. Bei homologer Rekombination werden DNS-Sequenzen zwischen zwei sehr ähnlichen (jedoch nicht identischen) DNS-Molekülen ausgetauscht. Bei heterologer Rekombination findet der Austausch zwischen DNS-Molekülen statt, die keine Ähnlichkeit der Nukleotid-Sequenzen haben. Rekombination kann durch Bruch und Wiedervereinigung von DNS-Molekülen oder durch einen Mechanismus stattfinden, bei dem die DNS-Polymerase während der Replikation von einem Matrizenstrang zu einem anderen springt.

REGULATOR-GEN
Ein Gen, das ein Protein oder einen anderen Faktoren codiert, der die Aktivität eines zweiten Gens reguliert.

REPLIKATINSGABEL
Während der DNS-Replikation ist die Gabel die Stelle, an der die Replikation stattfindet. Die beiden Elternstränge teilen sich an diesem Punkt, um als Matrizen für die Tochterstränge zu dienen, wodurch die Form eines Y gebildet wird.

REPRESSOR
Protein, das durch ein Regulator-gen codiert wird und das sich entweder mit einem Induktor (was die Transkription von Strukturgenen auslöst) oder mit dem Operator (wodurch der RNS-Polymerase der Zugang zum Promoter blockiert und damit die Transkription verhindert wird) verbindet (siehe OPERATOR, PROMOTER).

RESTRIKTIONS-ENZYME
Enzyme, die die DNS an spezifischen, kurzen Nukleotid-Sequenzen durchteilen. Beispiele sind EcoRI (E.coli Restriktionsenzym I) und HindIII isoliert aus dem Mikroorganismus Haemophilus influenzae serotype d), die an GAATTC bzw. AAGCTT teilen. Die sehr hohe Sequenz-Spezifität bei der Teilung macht sie zu ausgezeichneten Werkzeugen bei der Spaltung von DNS.

REVERSE TRANSKRIPTASE (REVERTASE)
Ein Enzym, das in gewissen Tierviren, die Retroviren genannt werden, vorkommt. Beginnend an einem RNS-Primer macht die Revertase eine DNS-Kopie von einem m-RNS-Matrizenstrang, ein Vorgang, der unabdingbar im Lebenszyklus der Retroviren und für den Genmanipulator, der DNS-Klone von m-RNS herstellt, nützlich ist. Der Informationsfluß von RNS nach DNS ist die Umkehrung des normalen Weges – die Reversion, daher die Namen reverse Transkriptase und Retrovirus.

RIBOSOMEN
Mikropartikel im Zytoplasma, die aus RNS und Protein bestehen. Im Ribosom findet die Translation der m-RNS in Proteine statt.

SOMAZELLEN (KÖRPERZELLEN)
Gewebezellen mehrzelliger Organismen, deren Mutationen im Gegensatz zu denen der Keimzellen, die ausschließlich der Fortpflanzung dienen, nicht vererbt werden. Somazellen teilen und differenzieren (spezialisieren) sich während des Wachstums, doch tauschen sie unter normalen Umständen keine genetischen Informationen aus.

SV 40
Simian Virus 40 – ein Virus, der bei Affen vorkommt und im Labor kultivierte Zellen infiziert. Er diente Molekularbiologen als Modell für Genaktivierung und DNS-Replikation in Tierzellen. Die DNS des SV 40 hat die Struktur eines doppelsträngigen Rings mit ungefähr 5200 Basenpaaren.

TRANSKRIPTION
Die Synthese von RNS durch RNS-Polymerase, die durch den Matrizenstrang der DNS gelenkt wird. Ein grundlegender Schritt bei der Vermittlung genetischer Informationen.

TRANSFER-RNS (t-RNS)
Eine Kategorie kleiner RNS-Moleküle, die bei der Proteinsynthese eine Rolle spielen. Die t-RNS transportiert die Aminosäuren bei der Translation zu den wachsenden Peptidketten.

TRANSFORMATION
Von Oswald Avery geprägter Begriff für die Übertragung von Genen in der Form chemisch reiner (isolierter) DNS auf eine Zelle, so daß sie in das Genom der Zelle integriert und aktiviert werden. Transformation bezeichnet auch die Veränderungen der Wachstumseigenschaften und Form von Tierzellen, die auftreten, wenn sich die Zelle von einer gesunden in eine Krebszelle verwandelt. Das kann geschehen, wenn die Zelle einen onkogene Virus (Tumor-Virus) aufnimmt. Die Transformation führt zu unkontrollierter Wucherung der Zelle.

TRANSLATION
Die Übersetzung, das Dechiffrieren des genetischen Codes der m-RNS während der Proteinsynthese. Dies wird am Ribosom von der t-RNS vorgenommen und führt zur Bildung von Aminosäureketten, deren exakte Zusammensetzung durch die DNS-Sequenz des Gens bestimmt wird.

UNSINN-MUTATION
Eine Mutation, die ein Codon in eine Folge von drei Basen verwandelt, die keine Aminosäure festlegt. Diese Tripletts, die Unsinn-Codes genannt werden, lauten UGA, UAA und UAG.

VEKTOREN
DNS-Moleküle, die benutzt werden können, um ein fremdes Gen in eine Zelle einzuschleusen. Vektoren können von Molekularbiologen mit Hilfe von Techniken der Genmanipulation entworfen und konstruiert werden. Die meisten Vektoren werden aus bakteriellen Plasmiden, Lambdaphagen oder anderen Genomen, die in der Zelle replizieren, entwickelt werden. Oftmals tragen sie genetische Markierungen wie z. B. ein Gen, das Resistenz gegen ein Antibiotikum überträgt.

VIRUS
Ein einfacher, mikroskopisch kleiner Organismus, der aus genetischen Informationen (meist DNS, manchmal aber auch RNS), umhüllt von einer schützenden Proteinhülle besteht. Um sich zu replizieren, müssen Viren in Wirtszellen eindringen (je nach Typ Tierzellen, Pflanzenzellen oder Bakterien) und die Genaktivierungsmaschinerie (also Ribosom, t-RNS etc.) so verändern, daß sie neue Viren herstellt. Viren, die sich in Bakterien replizieren, werden oft Bakteriophagen – oder einfacher: Phagen – genannt.

Literatur-Tips

Für diejenigen, die die Nase noch immer nicht voll von DNS haben: Bücher zum Weiterlesen...

... von den Forschern und über sie und über die Geschichte der DNS:

Erwin Chargaff, Das Feuer des Heraklit, Stuttgart, 1981
François Jacob, Die Logik des Lebenden, Frankfurt/M., 1972
Horace Judson, Der 8. Tag der Schöpfung, Wien, 1980
Jacques Monod, Zufall und Notwendigkeit, München, 1971
Anne Sayre, Rosalind Franklin and DNA, New York, 1978
James D. Watson, Die Doppel-Helix, Reinbek, 1973 (rororo 6803)

... über rein Fachliches:

Konrad Bachmann, Biologie für Mediziner, Berlin/Heidelberg/ New York, 1982 (2. neubearbeitete Auflage)
Jost Herbig (Hrsg.), Technologie und Politik XVII: Biotechnik, Reinbek, 1981
Dieter Heß, Genetik, Freiburg/Basel/Wien, 1982 (9. Auflage)
Herder Lexikon Biochemie, Freiburg/Basel/Wien, 1978
Ulrich Kull/Hans Knodel, Genetik und Molekularbiologie, Stuttgart, 1980 (2. Auflage)
Lubert Stryer, Biochemie, Wiesbaden, 1978

... und natürlich:

Darwin für Anfänger aus dieser famosen Reihe.

DANKSAGUNG

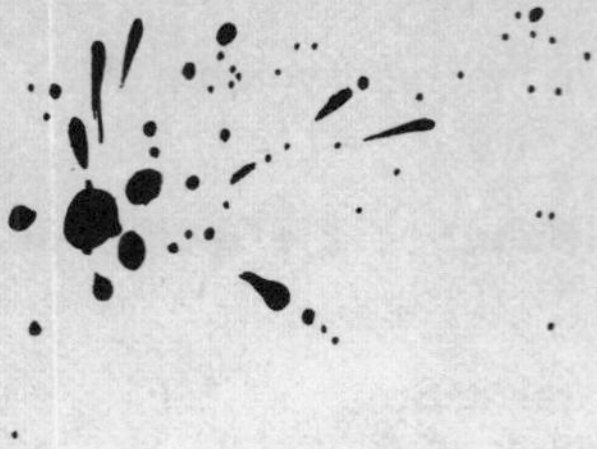

WIR MÖCHTEN ALLEN DANKEN, DENEN WIR VORBILDER FÜR ILLUSTRATIONEN UND QUELLEN VERDANKEN – OB SIE NUN DAVON GEWUSST HABEN ODER NICHT: RENÉ MAGRITTE, VICTOR MOSCOSO, LAUREN BAN FOON, WALT DISNEY, GIORGIO DE CHIRICO, GUSTAVE DORÉ, LEO MOREY, GRANDVILLE, THE JOLLY GREEN GIANT, MIKE McGUINNESS, MAX ERNST, RICHARD APPIGO= LUCKI, DER FRUCHTFLIEGE DROSOPHILA, JOHN TENNIEL, DER FREIHEITSTATUE, TEENAGE PRIEST IN SEX-CHANGE MERCY DASH TO PALACE, MICHELANGELO BUONAROTTI, ANIMAL (DER WELT GRÖSSTER SCHLAGZEUGER, M.C. ESCHER, ESCHERICHA COLI, STANLEY KUBRICK, PAOLO UCCELLO, FRANK R. PAUL, ROBERT CRUMB, AUGUSTE RODIN, «THE WAVENNEY CLARION», DEM FADEN EINFÄDELN= DEN SCHIMPANSEN, WRITERS, READERS (& ZEICHNERN) IN ALLER WELT UND DER DOPPELHELIX, DIE ES ALLES ERST MÖGLICH MACHTE ...

ENDE – NUN ABER WIRKLICH!

988/6